此书谨献给

H.N. 罗素（H.N.Russell）教授

有人说世界将毁于火海，有人说世界将终于冰川。

──罗伯特·弗罗斯特

太阳简史

——恒星演化和亚原子能——

[美] 乔治·伽莫夫 著

汤琳 译

当代世界出版社
THE CONTEMPORARY WORLD PRESS

图书在版编目（CIP）数据

太阳简史／（美）乔治·伽莫夫著；汤琳译. -- 北
京：当代世界出版社，2024.3
（伽莫夫科普经典译丛.2）
ISBN 978-7-5090-1711-1

Ⅰ.①太… Ⅱ.①乔… ②汤… Ⅲ.①太阳-青少年
读物 Ⅳ.①P182-49

中国国家版本馆 CIP 数据核字（2023）第 012544 号

书　　名：太阳简史
作　　者：乔治·伽莫夫
监　　制：吕　辉
责任编辑：李俊萍
出版发行：当代世界出版社有限公司
地　　址：北京市东城区地安门东大街 70-9 号
邮　　编：100009
邮　　箱：ddsjchubanshe@163.com
编务电话：（010）83908377
发行电话：（010）83908410 转 806
传　　真：（010）83908410 转 812
经　　销：新华书店
印　　刷：玖龙（天津）印刷有限公司
开　　本：880 毫米×1230 毫米　1/32
印　　张：7.625
字　　数：155 千字
版　　次：2024 年 3 月第 1 版
印　　次：2024 年 3 月第 1 次
书　　号：ISBN 978-7-5090-1711-1
定　　价：92.00 元（全 2 册）

序言

　　我们的太阳是如何形成的？是什么让它发热发光的？它最终会怎么样？这些都是地球人感兴趣的问题，因为他们的生活和繁荣完全取决于太阳的能量。

　　自科学思想产生以来，太阳能问题一直是令人兴奋的问题，也是自然界最难的谜题。直到最近，人们才通过正确的科学办法解决了太阳能发电问题，进而回答了有关太阳的过去、现在和未来的问题，并最终证明，太阳辐射的巨大能量是由其内部化学元素的转化产生的，事实上，那些"元素的转化"，正是中世纪炼金术士们所求而不得的。

　　由于太阳只是分散在宇宙广大空间中的众多恒星中的一颗，要解释太阳的能量问题，必然涉及恒星的演变史，这就使我们回到了有关恒星宇宙的创造的基本谜题。

　　笔者一直密切关注这些问题的研究进展。在这本书中，笔者试图用最简单的术语，勾勒出一些基本的发现和理论，这些发现和理论能够使我们大致了解世界的演变。这本书中涉及的许多观点是最近才形成的，都是通俗读物中未曾涉及的。

　　虽然无法用"所有人物纯属虚构，若有雷同纯属巧合"的习惯说法来结束这篇序言，但这也许是最好的做法。因为笔者要告诫读者，不要过于相信书中的某些细节，比如德谟克利特（Democritus）

邋遢的胡须、罗素绘制赫罗图时普林斯顿的雨天、汉斯·贝特（Hans Bethe）博士的好胃口与他对太阳反应问题的迅速解答之间的关系等。

笔者要向德斯蒙德·H. 库珀（Desmond H. Kuper）博士表示感谢，感谢他阅读手稿，并就尔格转换成卡路里以及其他类似问题提供的宝贵建议。

乔治·伽莫夫
1940 年 1 月 1 日

目 录

目录

第三章　元素转化

目录

第一章　太阳及其能量

太阳与地球上的生命

"太阳和月亮哪一个更有用？"著名的俄国哲学家库兹玛·普鲁茨科夫（Kuzma Prutkov）①问道。经过一番深思后，他认为："月亮更有用，因为它在漆黑的夜晚给我们带来了光明。而太阳只有在白天才会发光，可白天已经明光烁亮了。"

虽然学生们都知道，月光只是太阳光反射的结果，但人们普遍未曾了解到，地球上几乎所有的现象都源于太阳辐射的能量。

特别是，人类文明所开发的所有能源都源自太阳。事实上，太阳热能的直接利用，例如大型凹面镜收集太阳热能，仅

---

① 一个虚构的人物，由俄国诗人阿列克谢·托尔斯泰伯爵（Count Alexei Tolstoy）和格姆丘什尼科夫兄弟（the brothers Gemchushnikov）随意创造，普鲁茨科夫的哲学观可以跟许多古代和当代哲学家的哲学观相媲美。

应用于亚利桑那沙漠中冷饮站的冰箱、东方城市塔什干公共浴室的热水供应系统等少数复杂的装置中。然而，你也许不知道，当我们的取暖设备燃烧木材、煤炭或石油时，也是在释放太阳辐射的能量——这些能量以碳化合物的形式沉积在今天或很久以前的地质时代的森林中。

利用太阳光的照射，植物的绿叶将自身的二氧化碳和水转化为碳和氧气，并将氧气释放到大气中（这就是房间里的植物能使"空气清新"的原因），而碳则沉积在植物体内，准备随时与大气中的氧气在炉火中再次结合。

我们燃烧树木所获得的能量，永远无法超过树木的叶子从太阳光中吸收并储藏的能量。因此，无论是现在还是过去，没有阳光，就不会有森林，也就不会有地球表面煤和石油的沉积。

毋庸置疑，水能也是太阳热量的一种转换形式，太阳热量将海洋表面的水蒸发，并使其沉积在更高的水平面上，然后再使其流回原来的水域。风力发电也是如此，由于地表不同地区受热不均匀使空气开始流动。在任何地方我们都能发现，我们的能量来源于太阳这一事实，没有太阳，地球表面将死气沉沉。

但是，太阳能来源于哪里？这个源头已存在多久，并将继续存在多久？我们的太阳是如何形成的？在所有的能源耗尽后，它将何去何从？要回答这些问题，我们首先必须知道太阳每天辐射的能量，以及储存在其内部的能量总量。

能量单位

在物理学中，能量的常用标准单位是尔格，尽管在特殊情况下也使用其他单位，如卡路里（热量单位）或千瓦时（电力单位）。

1尔格是质量为1克的物体以1厘米/秒的速度运动的动能的两倍，简而言之，1尔格是一个相对很小的单位。例如，一只飞着的蚊子有几尔格动能；要加热一杯茶，我们需要数千亿尔格；一盏普通台灯每秒消耗250亿尔格。1克优质煤完全燃烧能释放3000亿尔格能量，以目前（1940年）的煤价计算，煤场里袋装煤释放1尔格能量的成本约为0.000000000000003美分。由于增加了将煤燃烧所释放的热量转化为电能的机械成本，所以沿着电线进入每个家庭的能源价格也就升高了。

太阳的辐射能

地球表面每一平方厘米每秒接受的太阳辐射能量为135万尔格，这个数值是根据大气层的吸收率得来的。因此，如果我们用目前的煤炭价格来评估这种能量，就会发现，在阳光明媚的日子里，一个中等大小的后院可以获得价值几美元的能量。按照工程技术上常用的功率来计算，照射到地球表面的太阳能能量相当于每平方英里①469万马力。太阳每年给地球提供的能量是全世界每年燃烧煤炭和其他燃料所产生能量总和的数百万倍。

但地球也只接受了太阳辐射总能量的很小一部分，绝大部分太阳辐射自由地进入星际空间，达到每秒3.8×10^{33}尔格，或每年1.2×10^{41}尔格②。用太阳的辐射能量除以其表面积（6.1×10^{22}平方厘米），我们发现，太阳表面每平方厘米每秒释放6.2×10^{10}尔格的能量。

太阳的温度

太阳表面要多热才能产生如此强烈的热辐射？水加热系统中的一个极热的散热器（沸点温度）每平方厘米每秒释放大约100万尔格的能量，一个炽热的火炉（约500℃）可释放约2000万尔格的能量，一个普通电灯泡的白热灯丝（约

---

① 1英里约为1.609千米，1平方英里约为2.589988平方千米。
② 在物理学和天文学中，通常用10的次方来表示非常大和非常小的数字。因此，$3 \times 10^4 = 3 \times 10000$（即4个0），或30000；和$7 \times 10^{-3} = 7 \times 0.001$（即3位小数），或0.007。

2000℃）可释放约20亿尔格的能量。发热体的辐射随其温度的增加有规律地增加，而且与按绝对零度计算的温度的四次方成正比。①

如果我们把太阳表面的辐射与上面的例子进行比较，很容易计算出太阳表面的温度接近6000℃。这一温度比实验室条件下使用特制电炉可获得的温度高得多。为什么没有一个炉子能达到这么高的温度呢？事实上，原因很简单：在6000℃的高温下，所有可以用来建造熔炉的材料——包括像铂或碳之类的耐火材料——不仅会融化，而且会完全蒸发。②在这种高温下，除了气态，没有任何物质形态可以存在，而这正是我们在太阳表面所发现的，即所有的元素都以气态的形式存在。

从理论上讲，如果太阳表面是这样的话，其内部也必然如此，那里的温度肯定会更高。因为只有达到足够的温差才能使热量从其中心流向表面。事实上，对太阳内部的研究表明，太阳中心的温度高达2000万℃。要理解这种高温的重要性有点困难，因此，为了便于理解，不妨看看以下实例：一个中等大小的炉子（由某种不存在的、能承受这种热量的耐火材料制

_____

① 绝对零度比摄氏温标的 0℃低大约 273℃（见下文，第28页）。后文所有给定的温度如无特殊说明均采用摄氏温标。

② 利用这一原理，实际上人们已经获得了比太阳表面更高的温度。当非常强的电流通过细细的金属丝时，金属丝在放电的瞬间就会蒸发掉，在极短的时间内，温都可高达 20000℃。

成），如果达到这种温度，它的热辐射会把方圆数百英里内的一切都烧掉。

太阳的密度

对太阳温度的这些考虑使我们得出了一个非常重要的结论：太阳是一个由极热气体组成的巨大球体。但你如果把这种气体理解成通常意义下的非常稀薄的物质状态的话，那你就大错特错了。

在标准大气压下，我们接触的气体比液体或固体的密度小得多，但我们别忘了，太阳中心区域的压力是标准大气压的100亿倍。在这种情况下，任何气体都会被压缩，其密度甚至可能超过常规液体或固体的密度。气体与液体或固体的区别不在于它们的相对密度不同，而在于气体在外界压力作用下具有无限膨胀的趋势和可压缩性。若从地球内部取出一块岩石，这块岩石的体积几乎不会发生改变，但如果太阳外部的压力足够小，来自太阳中心区域的物质将会无限膨胀。

构成太阳的气态物质的可压缩性使其密度从表面向中心迅速增加。据计算，太阳中心的密度比其平均密度高出50倍（即太阳核心的密度是太阳整体密度的50倍）。我们可以用已知的太阳质量除以太阳的体积（质量为2×10^{33}克，体积为1.4×10^{33}

立方厘米），计算出太阳的平均密度，其结果相当于水的密度的1.41倍。由此我们得出，太阳内部的气体的密度是汞密度的6倍。另一方面，太阳外层的气体非常稀薄，在形成太阳光谱吸收线的色球层的压力只有大气压力的1‰。

　　尽管我们所有关于太阳物理性质和化学性质的直接观测证据，都仅限于在这种稀薄的太阳外层的大气层中所发生的现象，但如果我们以这些表面证据为基础，并利用我们掌握的物质性质的一般知识，就有可能清楚地了解太阳内部的状况，就像我们亲眼所见一般。我们对太阳内部的数学分析要归功于英国天文学家阿瑟·爱丁顿爵士（Sir Arthur Eddington），根

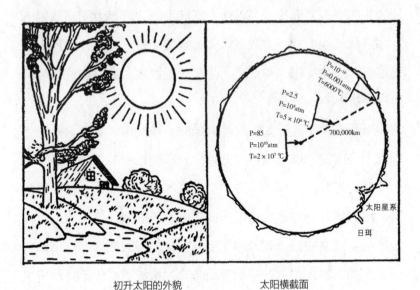

初升太阳的外貌　　　　　　太阳横截面

图1

据他的计算我们绘制了太阳内部结构的示意图（见图1）。在这幅图中，T、P和p的值分别代表太阳不同深度的温度、压力和密度。

太阳的表面现象

众所周知，太阳活动的标志就是所谓的太阳黑子（见照片1A）和日珥（见照片1B）。日珥是太阳表面向外喷射的一种炽热而明亮的气体，有时会喷射到距太阳表面数十万千米的高度。那些黑色斑点就是太阳黑子，它们看上去很暗，是因为与周围更明亮的表面形成了对比。实际上，它们是太阳光球层上的漏斗状旋涡，旋涡内的气体向外螺旋上升。在上升过程中，这些气体发生膨胀，降低了太阳黑子的温度，所以它们看起来比未受扰动的表面更暗。

当太阳黑子靠近太阳圆盘边缘时，我们可以看到这些气体螺旋上升时的轮廓就像巨大的火柱一样。目前关于太阳黑子起源的理论是基于这样一个事实：太阳不是一个刚体，在其自转时，不同地方的角速度也不同；赤道地区的角速度比靠近两极地区的角速度要慢一些。转速上的差异使得太阳表面的气体形成了旋涡，就像湍急的河水表面会因为水流速度的不同而产生漩涡一样。

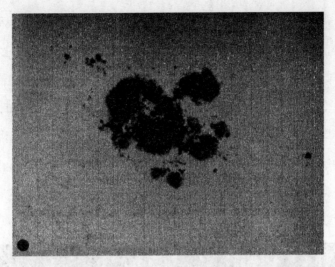

照片 1A 太阳黑子群。左下角的黑色圆盘表示地球的相对大小。（拍摄于威尔逊山天文台，1917 年）

照片 1B 日珥，22.5 万千米高。右侧白色圆盘表示地球的相对大小。（拍摄于威尔逊山天文台，1917 年）

谈到太阳黑子，就不能不提它的显著周期性活动，但截至目前，这一现象仍没有得到令人满意的解释。太阳表面的太阳黑子数量平均每11.5年就会发生周期性的增加或减少。这种周期性变化对我们地球的物理现象有一些微小的影响，例如：使年平均温度发生变化（在1℃以内）、造成电磁干扰、引起极光现象等。也有人试图将太阳的这种周期性活动与燕子迁徙时间的变化、小麦产量的高低、甚至社会革命联系起来，但这种联系被认为是很难成立的。[1]

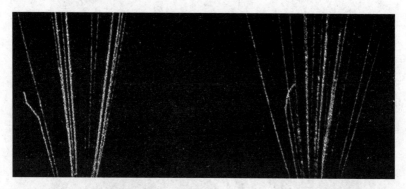

照片2　人工核衰变首批照片中的一张（布莱克拍摄）。一个 α 粒子撞击大气中的一个氮原子核，并喷射出一个质子（见第71页图18）。

---

[1]　记录在案的太阳黑子活动峰年为：1778 年、1788 年、1804 年、1816 年、1830 年、1837 年、1848 年、1860 年、1871 年、1883 年、1894 年、1905 年、1917 年、1928 年。事实上，美国革命、法国革命、巴黎公社、俄国十月革命和其他一些革命都与太阳黑子活动峰年相当接近。在 1937 年至 1940 年，太阳黑子活动也明显增加。如果读者愿意，可以试着把太阳黑子的增加与这几年世界的动荡不安联系起来。

太阳黑子和日珥仅发生在太阳表面相对较薄的一层，可能与太阳的演化没有任何联系，就像轻微的皮肤过敏与人类的生长发育没有关联一样。因此，与太阳黑子和日珥现象有关的问题在本书中也不会再涉及。

太阳的年龄

现在我们来讨论一个重要的问题，即太阳的年龄。一方面，它与地球的年龄息息相关，另一方面，它又与整个恒星宇宙的年龄密切相关。我们知道，今天的太阳和去年一样，和拿破仑手指太阳对他的士兵说，这是"奥斯特利茨的太阳"时一样，和古埃及祭司敬拜的阿蒙瑞（太阳神）万神之神一样。

当然，相比地质演化和古生物进化的漫长过程，有史料记载的人类历史只是一瞬间，而隐藏在地球表面下的证据表明，太阳活动在很长一段时间里没有发生任何变化。今天，我们在炉灶中燃烧的煤足以证明：在久远的地质时代，鳞木属植物和巨型木贼属植物遍布的奇特森林也享受了跟我们一样的阳光。在不同的地质层中发现的化石表明，自前寒武纪以来，有机演化的过程从未停歇。因此，在过去的数亿年里，太阳的亮度不可能有很大的变化，因为任何明显的变化都会对地球上的生命造成毁灭性的影响，而且会缩短有机进化的进程。[1]事实上，如果太阳辐射量减半的话，地球温度会远低于冰点；如果太阳辐射量达到现在的4倍，那么海洋就会沸腾起来。

毫无疑问，地球上的生命比地球本身年轻，而且根据地壳岩石的化学成分，我们可以估算出在地球诞生之前一些无机物质就已经存在了。许多岩石中含有微量的放射性元素铀和钍，这两种元素不稳定，并且衰变非常缓慢，需要数十亿年才会产生一种类似于普通铅的物质。只要地球表面处于熔岩般的熔融状态，这些衰变产物就一定会通过扩散和对流的混合过程，不断地从母元素中分离出来；但是，一旦固体地壳形成，之前分离出来的衰变产物就必定在放射性元素附近开始堆积。因此，通过测量这些放射性元素的相对含量及其在不同岩石中的衰变产物，我们可以得知岩石固化的精确时间。同理，我们可以根据墓地中的骨骼数量推算出一个村庄的存在时间。

根据这些调查研究，我们得出的结论是，固体地壳是在16

---

[1] 地质证据表明，地球历史上发生多次的冰期可能与太阳活动的一些微小变化有关。但是应该注意的是，微小的气候变化也很容易由纯粹的陆地因素造成，例如我们大气中二氧化碳含量的变化。

亿年前形成的。[1]因为地壳一定是在地球和太阳分离后形成的，因此我们也可以通过这种方法，比较准确地推算出我们星球作为一个单独天体的年龄。太阳的年龄比这个年龄还要大得多，为了确定太阳可能的年龄上限，我们必须找到证据证明太阳只不过是整个恒星宇宙中众多成员之一。

在后面的章节中（第十章到第十二章），我们将会讨论恒星，特别是太阳，从最初均匀充满所有空间的气体到形成的过程。顺便一提，人们对恒星系统中的恒星运动及不同恒星系统间的相对运动的研究都表明，恒星形成不早于20亿年前。[2]这样，我们对太阳年龄的推断就有了相对较小的区间范围；同时，这也证明地球和太阳系其他行星一定是在太阳形成之后的早期阶段形成的。

将前文中提供的太阳年辐射量（1.2×10^{41}尔格）乘以推算出的太阳年龄，我们可以得出：自太阳形成以来，太阳已经辐射了约2.4×10^{50}尔格的能量，或每克太阳释放了1.2×10^{17}尔格的能量。这些巨大的能量从何而来？

---

[1]　目前对地球年龄的最佳估计值为 45.5 亿年。我们通常所说的地球年龄是指它的天文年龄。地球的天文年龄是指地球从形成到现在的时间，这个时间同地球起源的假说有密切关系。地球的地质年龄是指地球上地质作用开始之后到现在的时间，很明显，地球的地质年龄小于它的天文年龄。注意，本书 1940 年初次出版。

[2]　目前公认太阳的年龄大约为 45.7 亿年。

太阳真的在燃烧吗?

有关太阳光和热起源的第一个假说，很可能是旧石器时代早期的穴居人提出的。他们看着灿烂的太阳，把它与面前燃烧的火苗想象成了同一类事物。普罗米修斯为早期人类偷取太阳的永恒之火时，可能也认为太阳就像木头或煤燃烧时产生的火焰一样适合烹饪。而这一天真的观念——太阳能燃烧——直到近代仍在人类头脑中占据着一席之地。

然而，我们想知道太阳里面究竟是什么在燃烧，因为很明显，普通燃烧的过程并不足以解释这么持久的太阳燃烧活动。我们已经了解，1克煤完全燃烧能产生3×10^{11}尔格的能量，每克太阳释放的能量是煤的50万倍。假设太阳只是单纯由煤炭组成的，那么从埃及第一任法老点燃它的那一刻起到现在，它已经完全烧成灰烬了。同样，任何其他物质的转化都不可能是太阳热量的来源，因为它们甚至无法维持太阳十万分之一的寿命。

事实上，"燃烧"的概念与太阳的现实情况相去甚远。光谱分析显示，太阳大气中同时存在碳和氧，但由于太阳温度过高它们反而不能燃烧。我们通常认为的燃烧或其他任何形成复杂化合物的化学反应，都是由温度的升高促成的。一小块木

14

头，当它被火柴的火焰点燃时，在空气中氧气的作用下开始燃烧。为了点燃火柴，我们必须在粗糙的表面上摩擦加热火柴头上的磷，并使之燃烧。但另一方面，温度过高会破坏复杂的化学物质，使其分解成化学元素，例如水蒸气会分解成氢气和氧气，二氧化碳会分解成碳和氧气。

太阳大气高达6000℃的温度破坏了所有复杂化合物的化学键，构成太阳的气体也只能是纯元素物质的机械混合物；而其他一些恒星由于表面温度较低（1000℃至2000℃），可能会形成二氧化碳之类的复杂物质。

收缩假说

我们有点偏离最初关于太阳能起源的问题了，现在让我们回到主题。我们来了解一下19世纪德国著名物理学家赫尔曼·冯·赫姆霍尔兹（Hermann von Helm holtz）的研究，他不仅关心太阳的现状，而且关心太阳的起源问题。

根据赫姆霍尔兹的说法，太阳曾经是一个巨大的冷气体球，直径比现在大得多。很明显，这样的气体球不可能处于平衡状态，因为极其稀薄的冷气体的压力相对较小，无法平衡其内部不同部位之间的相互引力。因此，在自身重量的作用下，这个原始的太阳开始迅速收缩，并压缩其内部的气体。但是，根据基础物理学常识，气体的压缩就像气缸里的活塞运动，会导致气体温度升高。因此，这个气体球的逐渐收缩或下陷，必然会导致其内部的物质温度升高，直到内部气体的压力足以承受外层的重量为止。

到这时，太阳物质肯定会停止快速收缩，如果太阳表面没有能量损失，太阳就会达到完全平衡。但是，由于太阳表面向周围冷空间辐射热量，我们的气体球将会不断地损失能量，为了弥补这些损失，它就要继续进行收缩。根据赫姆霍尔兹的观点，太阳实际上一直处于这种逐渐收缩的状态，它产生的辐射不是因为任何化学作用，而完全是因为在收缩过程中释放的引力能。

想要让太阳保持我们所观察到的辐射强度，根据牛顿引力定律，不难计算出，每100年太阳半径肯定减少0.0003%，即大约2000米。当然，这样的变化，相比我们短暂的一生甚至整个人类历史，都是非常缓慢的，不足以引起人们的注意。然而，从地质时标的角度来看，这种变化就相当快了。

太阳从无穷的维度收缩到现在的半径所释放的总引力能只有2×10^{47}尔格，仍然比实际消耗的能量少1000倍。因此，尽管赫姆霍尔兹的收缩假说听起来合理地解释了太阳演化的早期阶段，但我们还是得出这样的结论：在目前的状态下，太阳拥有比化学反应或引力能更强大的其他能源。

亚原子能

19世纪时物理学无法解释太阳能的供应之谜，但到20世纪初，物质放射性衰变现象的发现和人工转变化学元素的可能性，为解答天体物理学中最基本的问题带来了曙光。人们发现在物质的最深处，即在构成所有物质的原子的原子核内，隐藏着巨大的能量，这就是所谓的"亚原子能"。最初被发现的亚原子能是从放射性物质的原子中缓慢泄漏出来的。在某些情况下，它能以一种强劲的能量流的形式流出，其能量比普通化学反应产生的能量高出数百万倍。

目前，对亚原子能及释放亚原子能所必需的物理条件的研究，不仅能够帮助我们理解太阳的辐射，而且能够帮助我们解释天文学家所知道的各种恒星的辐射以及其他特性。此外，随着能量源问题的解决，有关恒星演化的问题，特别是关于太阳的过去和未来的问题，也能得到进一步的解决。

但是，在讨论这些令人兴奋的问题之前，我们必须先深入原子世界，探究一下它们的性质和内部结构。一些读者选择这本书可能是因为其以天文学为标题，书中对纯物理领域的探索可能会让他们感到味同嚼蜡，对此作者深表歉意。但是，在不了解构成恒星的物质属性的情况下，除了诗人，任何人都不应该对此侃侃而谈。

　　此外，如果读者密切关注接下来三章将要讨论的难度较大的问题，那么他们肯定会对天文学有更好的理解。最后，如果读者对这三章的内容只是走马观花，然后就主观臆断得出结论，那么他们将无法清晰地了解太阳的过去、现在和未来。

第二章　原子结构

原子的哲学概念

大约公元前375年，在古希腊的阿卜杜拉城，一位名叫德谟克利特（Democritus）的老人提出了原子理论。他蓄着凌乱的灰胡须，在神庙的光环下，在户外讲解着他的观点，他也因此被称为开心哲学大师。

我们可以想象他讲课的样子，"任何物质——例如这块石头——都是由大量极小的独立粒子组成的，就像这座寺庙是用大量的石块建造的一样。这些粒子按照不同的顺序和位置聚集在一起，就能组成所有物质，就像字母表中的字母虽然很少却能组成无数的单词一样。这些基本粒子就是物质可分性的最后一步，我称它们为原子（即'不可分割的'）。它们太小了，从理论上来说不可能把它们分成更小的部分。"

根据德谟克利特的哲学思想，原子的存在是逻辑上的必然，是物质连续分裂过程的最后一步，而且他认为物质分裂过程不是无限的。在他看来，原子假说可以将我们观察到的各种各样的现象，都简化为几种基本粒子的组合，所以他认为自然的本质构造非常简单。

为了跟当时流行的哲学思想保持一致，德谟克利特总结出四种不同类型的基本粒子：空气粒子、泥土粒子、水粒子、火粒子，它们分别代表轻、重、湿、干的性质。他认为，所有已知的自然物质都可以通过将这四种基本元素进行不同的组合而获得，例如将泥土和水混合可以得到泥浆，用火烧锅里的水可以得到水蒸气。他甚至推测了这些基本粒子的性质，特别是把"火原子"想象成光滑的球体来解释火焰的活性。

炼金术与中世纪淘金热

这位古希腊思想家试图用纯粹的精神力量来解开物质之谜，但是直到很多个世纪之后，我们对物质及其变化的研究才有了实质性的进展。整个中世纪，欧洲的炼金术士们借着从布满灰尘的哥特式窗户透进来的光，在昏暗的房间里徒劳无功地苦干着。他们手里拿着奇形怪状的蒸馏瓶和罐子，试图用里面各种各样的物质来炼金。在物质是由基本粒子组成的旧哲学观念的影响下，他们怀着发家致富的愿望，以各种可能的方式把自然界的各种物质磨粉、混合、熔化、溶解、煮沸、沉淀、升华，竭力寻找人工制造黄金的方法，却无意中奠定了现代化学的基础。

此时，汞、硫黄、盐和火已经取代了古希腊哲学中的四种"元素"，成为构成物体的基本物质。人们认为，这四种基本物质的某种组合方式，必然能形成金、银和其他所有已知物质。尽管数百名炼金术士付出了数百年的努力，仍没有炼出金和银。到17世纪末，许多炼金术士逐渐意识到：这些贵金属以及许多其他物质本身也是基本元素。最终，神秘的炼金术发展成化学科学，哲学中的四种基本物质被数量更多但仍然有限的独立化学元素所取代。

然而，中世纪炼金术的负面影响持续了很长时间，直到十八十九世纪，化学界仍然认为一种元素是无法转换成另一种元素的，且将其视为科学的一个基本原则。不同元素的原子被认为是绝对不可分割的最小粒子，这完全符合其名字的希腊语含义。"炼金术士"这一称呼被科学家们视为一种耻辱。但是，如我们稍后将看到的那样，理论的钟摆已在相反的方向上越摆越远了。

基础化学

如果原子的种类是有限的（我们目前已知有92种元素），

那么所有其他物质一定都是由这些原子进行不同组合形成的，而且由复杂粒子或分子构成的各种非基本化学物质，只是在构成它们的原子种类和相对数量上有所不同。例如，连学生都知道，水分子由两个氢原子和一个氧原子组成，过氧化氢分子（所有羡慕金发碧眼女子的黑发女人都知晓）由两个氢原子和两个氧原子组成。在过氧化氢分子中，第二个氧原子的化学键相对松散，容易游离，因此会导致不同有机物氧化变色。图2显示了复杂且不稳定的过氧化氢分子被分解为普通水分子和自由氧原子的过程。

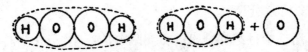

图 2 过氧化氢分解成水和自由氧原子

为了节省时间，化学家们喜欢用一种更简单的方式，即分子式来表达这些过程。在分子式中，每个元素都用符号（希腊语名称或拉丁语名称的缩写）来表示，而分子中每种原子的数目都由相应符号右下角的小数字来表示。因此，上述化学反应可写成：

$$H_2O_2 \rightarrow H_2O + O$$

同样，我们用CO_2表示空气中的二氧化碳，用C_2H_5OH表示酒精，用$CuSO_4$表示硫酸铜的蓝色晶体，用$AgNO_3$表示硝酸银。

22

19世纪初，英国化学家约翰·道尔顿（John Dalton）最先提出了原子-分子假说。该假说认为，构成任何复杂的化学物质所必需的不同化学元素的相对数量，应始终与相应原子重量的比例一致，而实验也确实有力地证明了这一观点的正确性。

"假设，"道尔顿说，"德谟克利特是对的，所有的基本物质确实是由无穷小的原子组成的。如果要从这些原子中构造出某种化合物的粒子，就必须使用其中1个、2个、3个甚至更多的原子。但我们不能使用$3\frac{1}{4}$个原子，就像我们不能用$3\frac{1}{4}$个演员组成一个体操团体。"

1808年，道尔顿的《化学哲学新体系》在曼彻斯特出版，此后，原子和分子的存在成为物质科学不可动摇的基础。对各种元素间化学反应的定量研究，可以对它们的相对原子量做出精确评估，但单个原子的绝对重量和尺寸却不属于化学科学的范畴。原子理论的进一步发展主要依赖于物理学的发展。

热动力学理论

物质分子结构的假设是否能让我们理解物质的三种基本状态——固态、液态和气态——之间的差异呢？我们知道，自然界中的任何物质都可以在这三种状态之间进行转换。即使是铁，在几千摄氏度的高温下也会蒸发，空气在足够低的温度下也会凝结成固体。由此可见，物体是固态、液态还是气态取决于该物体的热状态。给固体加热，我们可以将其转化为液体；继续加热液体，我们可以将液体转化为气体。但热究竟是什么？

在物理学发展早期，人们认为热是一种独特的无重量的"流体"，它从热的物体流向冷的物体，使冷的物体变暖。这种观点是古代将火作为一种独立元素的观念的延续。但是，我们可以通过简单地摩擦双手给手取暖，可以用锤子多次敲击一块金属使其变热。奇怪的是，这种"热流体"竟然是通过摩擦或撞击产生的。

物质的分子理论给了我们更为合理的解释，即热的物体并不含有任何额外的流体，它们与冷的物体的区别只在于内部粒子的运动状态不同。常温下，物质的每个分子都处于永久的运动状态，它们运动得越快物体就会越热。如果热的物体与冷的物体接触（或者两个挨着的物体之间存在温度梯度），热的物体中快速运动的分子，会与冷的物体中运动较慢的分子发生碰撞，并将其动能的一部分传递给后者。因此，运动快的分子会逐渐慢下来，而运动慢的分子则会加速，直到达到平衡状态。此时，两个物体中的分子的热量是相同的，我们也可以说，这两个物体的温度是相同的，从一个物体到另一个物体的"热量传导"也随之结束。

根据热量和温度的这一特性，我们立刻就可以得到这样的结论，即应该存在一个最低温度，或者说绝对零度，在这个温度下，所有物质的分子都处于完全静止状态。在这个温度下，构成任何物质的粒子都会因为分子间的黏聚力黏附在一起，从而物质显示出固体的性质。

　　随着温度的升高，分子开始运动，当黏聚力仍然大到不让分子飞离，却无法使分子仍待在它们原来的位置时，物体不再是刚性的，但仍然保持着有限的体积，这样我们就得到了液态的物质。在更高的温度下，分子运动得非常快，它们彼此分离，向四面八方飞去，从而形成一种趋向无限膨胀的气体。有些物质在较低的温度下也可以熔化并蒸发，这仅仅是因为它的分子的黏聚力很小而已。

分子运动的能量

　　这些观点是否有直接的经验证实？是否有人真的观察到了分子的热运动，才有了目前的假说？事实上，在19世纪早期，就有人做出了初步证明，但是这个人根本没有意识到他的发现的重要性。

　　伦敦大英博物馆植物收藏管理员罗伯特·布朗（Robert Brown）俯身在显微镜前，惊讶地观察着悬浮在一滴水里的一些微小植物孢子的奇怪运动：孢子无规则地运动着，非常活跃；尽管它们从未远离它们原来的位置，但它们跳来跳去，呈现出复杂的"之"字形轨迹（见图3）。水滴的内部在晃动，就像高速行驶的列车中的物品，但是这位老植物学家的显微镜却纹丝不动地放在桌上。这种永不安定的性质是悬浮在液体中的任何微小颗粒的典型特征。后来人们发现，悬浮在水中的微小金属颗粒（即所谓的金属胶体悬浮物），甚至是飘浮在空气中的微小尘埃颗粒，也都具有这种特性。

图3 通过显微镜观察到的布朗运动轨迹

布朗在1828年公布了他的发现，但没有给出足够的解释。直到近半个世纪后，人们才发现，布朗运动是由液体或气体分子在热运动作用下对悬浮粒子进行连续不规则的撞击引起的。"布朗粒子"在大小上介于我们肉眼看不见的小分子和我们日常生活中接触到的物体之间。它们非常小，小到连独立分子之间的碰撞都会对他们造成影响；它们也足够大，通过精密的显微镜就能观察到它们。

通过研究这些粒子的运动，我们可以直接计算出其周围分子的热运动的能量。根据力学的基本定律，在包含大量无规则运动的粒子的混合物中，所有粒子的平均动能一定相同，较轻的粒子肯定运动得较快，而较重的粒子则必然运动得较慢，这样它们各自的质量乘以速度的平方（即动能）才能始终保持相等。

如果一开始粒子的能量不符合能量平衡定律，那么粒子之间的相互碰撞将很快使运动过快的粒子减速，同时使运动过慢的粒子加速，直到总能量平均分配给所有粒子。布朗粒子虽然在我们看来很小，但与单独的分子相比却相当大，因此运动速度必然要慢得多。通过观察这些粒子的运动速度，并通过巧妙的装置测量它们的质量，法国物理学家让·佩兰（Jean Perrin）证明：在室温（20℃或68℉）下，它们的平均动能为 6.3×10^{-14} 尔格。根据能量平衡定律，这也是任何物质的分子在这个温度下的动能。

对布朗运动的研究也使我们能够将分子运动速度的加快与

温度的升高联系起来。

如果我们加热液体，其中的悬浮粒子的运动速度就会变得越来越快，这表明单个分子运动的能量也会增加。我们可以说明布朗粒子（即单个分子）的能量与液体温度的关系（见图4）。当然，对于水，测量只能在冰点到沸点之间进行（见0℃和100℃之间的实线）；由于在这个区间观察到的所有结果代表的点都位于一条直线上，所以如果我们想要得到更低或更高温度下的结果，只需要将这条线向两个方向延伸即可，如图4中虚线部分所示。

观测线向较低温度延伸时，与水平轴相交，表示温度在−273℃（−459℉）时分子能量为零。在这一温度时，分子运动的能量完全消失了，因此再继续谈论低于这一数值的温度就

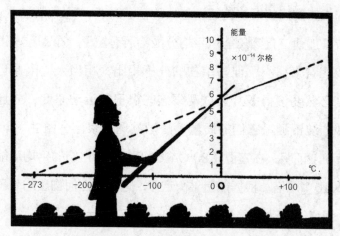

图4 分子的热能随温度的下降而降低，并在−273℃时消失

毫无意义了。-273℃是可能的最低温度，即绝对零度，也是所谓的绝对温标或开氏温标的基础。

分子速度的测量

对布朗运动的研究可以使我们直接估算出分子热运动的动能，所以我们只需找到一个能直接测量分子速度的方法，根据这两个测量结果，很容易就能计算出分子的质量（因为动能=1/2质量×速度^2）。

德国物理学家奥托·斯特恩（Otto Stern）提出了一种可以直接估算出分子速度的好方法。斯特恩知道，要测量气体或液体中分子的速度几乎是不可能的，因为气体或液体中的粒子总是不停地相互碰撞，而且它们的运动毫无规律可言，速度也不断变化。例如，在正常的压力和温度条件下，空气中每个分子每秒要经历数十亿次碰撞，而两次碰撞之间的自由程仅为0.00001厘米。

因此，斯特恩要解决的问题是，要在一个自由空间中给一些气体分子设立畅通无阻而且可测量的路径。为此他用几个月的时间设计出一种新的装置（见图5）。这个装置的所有部件都被放置在一个圆柱形的真空容器里。这个圆柱形容器的一端（左边）是一个"分子地牢"——封闭的腔室——里面放着要

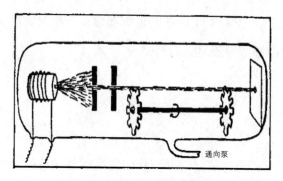

图 5 斯特恩的分子速度测量装置示意图

研究的物质（可以通过后面的一个特殊阀门放进去）。腔室上缠绕着电线，通电后，电流产生的热量足以蒸发掉腔室里面的物质。蒸汽分子在热运动的推动下，在腔室里四处飞蹿，其中一些分子必然会以分子喷雾的形式从腔室上预留的小孔中逃逸出来。然而，除了沿着圆柱形容器的中心轴运动的粒子外，这个扩散的分子束中的其他粒子都被前方的两个小隔板阻挡了去路。这样一来，沿着圆柱形容器中心轴运动的分子就形成了一束平行的分子束，它们都以最初的热速度朝同一方向运动。

　　设计这个装置最终是为了测量形成分子束的粒子的速度，为此，斯特恩借用了大城市的长街上指挥交通的方法。只不过在这里，交通信号灯是同步的，只有以特定速度行驶的汽车才能畅行无阻，不会在十字路口被红灯拦住。斯特恩在他的装置中设置了同样的停止-前进系统，具体如下：

　　在与分子束路径平行的旋转轴的两端，分别安装两个一样的齿轮，将两个齿轮调整成第一个齿轮的齿正好对着第二个齿轮的口，以便当旋转轴停止旋转时，没有任何分子能够通过。但如果齿轮达到一定的旋转速度，即齿轮转动一半的时间正好是分子经过两个齿轮之间的距离所需的时间，那么所有运动速度相同的分子都会通过两个齿轮，抵达圆柱形容器右端的屏幕上。因此，通过观察分子束经过两个齿轮所需的转速，斯特恩可以很容易地计算出分子束中粒子的速度。他发现，当温度达到500℃时，钠原子的运动速度为每秒100000厘米/秒；在室温下，氢原子的运动速度为280000厘米/秒。

如果我们现在还记得佩兰的实验，即所有粒子的热运动动能在室温下是6.3×10^{-14}尔格，那么依据公式：

$$动能 = \frac{1}{2}质量 \times 速度^2$$

很容易计算出氢原子的质量为1.6×10^{-24}克。其他原子和分子的质量现在也可以用化学方法估计的相对原子和分子量来计算。例如，水分子的质量是氢原子的18倍，由于1立方厘米的水重1克，所以1克水中含有3×10^{22}个水分子，因此水分子的直径大致为3×10^{-8}厘米。[①]为了让读者对上述计算出的微不足道的重量和体积有所了解，我们来举例说明：一滴水中所含的分子数量大约等于密歇根湖中的水滴数量。

---

① 一个分子的大小只能用粗略的平均值来表示，因为根据目前对原子结构的研究，它的确切体积是不能确定的（参见下文图14）。

统计学与麦克斯韦分布

我们在上文中已经提到，在大量无规则运动粒子的集合中，粒子之间的相互碰撞可以瞬间使该集合的总能量在所有粒子之间平均分布。我们所说的"平均"一词只是统计学意义上的，因为事实上，由于粒子之间的碰撞毫无规律可言，任何分子在任何给定时刻都可能以极快的速度运动，而在另一时刻则可能几乎一动不动。因此，任何给定粒子的动能都在持续无规则地增加或减少，但集合中所有粒子的动能的平均值是相同的。如果我们可以在特定的时刻同时测量一个容器内气体的所有分子的速度，就会发现，虽然大多数粒子的能量非常接近平均值，但总有一定比例的粒子的速度明显快于或慢于平均值。

例如，在斯特恩的装置中的分子束中，总是存在一些运动速度快于或慢于平均速度的粒子。实验表明，当齿轮转动的速度改变时，通过齿轮的分子束并没有立即消失，而是逐渐减少到零。这种现象为我们提供了一种找出分子束中具有不同能量的分子数量的一种方法。对此，英国物理学家克拉克·麦克斯韦（Clerk Maxwell）从纯统计学的视角推导出一个非常简单的能量分布公式，即麦克斯韦分布定律。

这一种分布定律实用性强，任何大量粒子的集合——小到容器中的气体分子，大到构成我们星系的恒星——都适用于这一定律（见图6）。我们稍后将看到，这种分子速度分布，在研究有关亚原子能从高温物质中释放的相关问题中也起着重要作用。

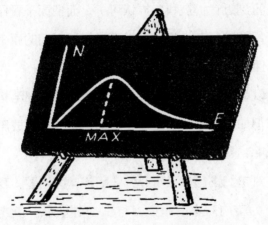

图6 麦克斯韦曲线，表示在给定温度下具有不同能量的分子的相对数量。N＝粒子数；E＝能量。

原子真的是基本粒子吗？

自从将原子理论确立为物质科学的基础以来，原子一直是各种不同元素特性的载体。为什么氢会与氧和碳结合，却不会形成任何含有钠或铜的化合物？这是由这些物质的化学性质决定的。为什么把钠盐放入火中火焰会呈现亮黄色，而把铜盐放入火中火焰则呈现绿色？这是因为钠原子和铜原子具有不同的光学性质。为什么铁硬、锡软，而汞在常温下是液体？这是因为这些金属原子的黏聚力不同。

但是，这能否解释为什么不同的原子具有如此不同的性质？答案是肯定的。如果我们放弃"原子不可分割"的旧观念（这一观念直到近代仍被科学界认可），而把原子看作是由其他更小粒子组成的复杂结构体，就可以解释不同的原子为什么具有不同的性质。

我们可以将不同元素原子的已知性质与其内部结构的差异联系起来。但如果原子真的是复杂的系统，那么构成原子的粒子又是什么呢？是否有可能对一个原子进行"解剖"，提取其各部分，并对它们进行单独研究？要回答这些问题，我们首先必须把注意力转向对电的研究，特别是对基本粒子或电子的研究。

古波斯镀金

电和电流的首次实际应用可以追溯到遥远的古代。在离巴格达不远的库珠特－拉布阿的发掘中，考古学家在可能是公元前一世纪的遗迹中发现了一个非常奇怪的容器。它很像是黏土制成的花瓶，里面固定着一个纯铜圆筒。一根结实的铁棒穿过其厚厚的沥青盖子，铁棒的下部已经被腐蚀掉了——可能是某种酸造成的（见图7）。

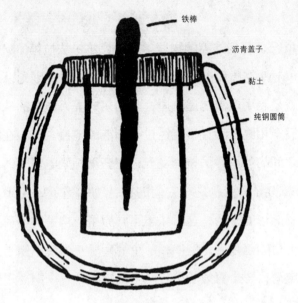

图 7 古波斯电池

　　这种装置除了能产生微弱的电流外，几乎没有其他用途，早在传说中的哈伦·拉希德（Harun al Rashid）统治之前，波斯的银匠很可能就是用它来给商品镀金的。在丰富多彩的东方集市上，工匠们在小商店的后院，用电流在耳环和手镯上均匀地镀金或镀银。直到两千年后，意大利人多托尔·加尔瓦尼（Dottore Galvani）才重新发现电解现象，并使其为人们所熟知。

原子的基本电荷

19世纪，著名的英国物理学家迈克尔·法拉第（Michael Faraday）就物质和电的特性提出了标新立异的理论。他的理论基础就是利用电流传递物质，与为东方美人佩戴的珠宝镀金的工艺完全相同。通过研究经过电解液的电量与沉积在电极上的物量之间的关系，法拉第发现：在获得相同电量的情况下，不同元素的沉积量总是与它们的化合物的重量成正比。从原子－分子的角度来看，这意味着不同原子所携带的电荷总是某一基本电荷的整数倍。例如，一个氢离子（即带电原子）携带一个正电荷，一个氧离子携带两个负电荷，一个铜离子携带两个正电荷。

显而易见，就像物质具有原子性，电荷也具有某种原子性。要计算这个基本电荷的绝对数量，只需将通过电解质的总电量除以在负电极上沉积的氢原子数即可。如果用常用单位表示，这部分基本电荷会非常小，例如，一盏普通台灯每秒的电流就携带数十亿这样的基本电荷。

小物体上电荷的原子性

我们已经了解到物质的原子性和分子的热运动，可以通过它们对微小但仍可见的布朗粒子的影响直接观察到。那么，通过研究这些小到足以受到微弱电场的影响但又大到可以透过显微镜观察的粒子，是否也可以观察到电荷的不连续性？答案是肯定的，而且已经观察到了。

1911年秋季的一个雾天，芝加哥大学教授罗伯特·A.密立根（Robert A.Millikan）正专注地透过一台显微镜观察着，显微镜上加装了一个由圆筒、管和电线组成的复杂装置。在显微镜照亮的区域，两个蛛网的交点是视野的中心，交点附近的空气中飘浮着一个微小的液滴，而它只是显微镜下成千上万个类似的液滴之一。这些小液滴是用一种特殊的雾化器喷出的，如果它们聚集在一起，用肉眼看就像一小团雾。小液滴静止一段时间后，突然开始迅速上升。在它即将从视线中消失时，密立根博士迅速调整了变阻器的手柄，使小液滴再次恢复到静止状态。

"258。"他的助手边低声说，边在笔记本上记下电压表的读数。教授又调整了一下变阻器手柄。"129，"助手继续读道，"086，064，050……"密立根博士持续观察液滴，使之稳定不动，然后疲惫地向后靠在椅子上。

"进行得不错，"他检查过实验的记录后说道，"一次只有一个电子。我想我们现在有足够的数据来计算元电荷的确切值了。"

究竟是怎么回事？为什么这个液滴会在显微镜下保持不动？关键是，这个曾经多次试图逃跑的液滴，只是一个很小的带电物体，甚至一个元电荷的电力都会对它造成影响。而调整电压使它保持静止仅仅是测量其电荷的一种方法（见图8）。

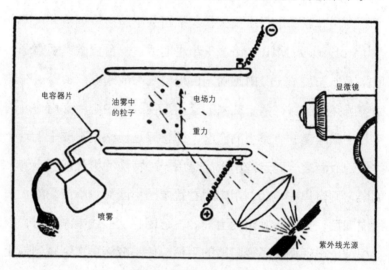

图 8 密立根基本电荷测量装置示意图

顺便说一句，密立根显微镜下的那一小团雾，与那天早晨笼罩在芝加哥街道上的雾截然不同。这是一种"油雾"，由微小的纯矿物油滴组成。之所以用油雾代替普通的水雾，是因为水滴会在实验过程中逐渐蒸发，质量发生改变。密立根博士获得"油雾"后，首先要在显微镜的观察区域内锁定其中一个油滴，并给它充电。虽然不可能用一根摩擦过羊毛裤的橡胶棒去接触小得几乎看不见的物体来给它充电，但是一个优秀的物理学家总是或者说几乎总是能够找到解决问题的办法。密立根博士正是利用光电效应成功解决了这个问题。

众所周知，所有物体在被紫外线照射时（例如，普通电弧发射出的大量紫外线），都会失去负电荷而带正电。密立根用电弧的光照射他的油雾，从雾滴中诱导出正电荷，这个正电荷的值会不时发生变化。如果在电容器的两个水平板（下板带正电，上板带负电）之间制造这种带电油雾，那么在电场力的作用下，所有油滴都会向上移动。通过控制两个电板之间的电场，我们可以精确平衡这个向上的压力和油滴的重量，让小油滴像穆罕默德的棺木一样飘浮在空气中。当油滴的电荷在紫外线照射下发生变化时，油滴会开始运动，这时就需要重新调整电压使其继续保持不动。知道了施加的电压和油滴的质量，我们就可以轻松计算出油滴所携带的电荷。

通过针对这一特性的一系列实验，密立根得出结论：小油滴的电荷数总是某一观察到的最小电荷的整数倍。此外，油滴携带的最小电荷量与电解现象估计的带电原子或离子的最小电荷完全相同。这无疑证明了基本电荷的普遍性及其对较大物质体（如单个原子）的重要性。

电子是一种基本电粒子

到目前为止，我们已经探讨了原子、密立根的油滴，以及更大的物质体所携带的定量电荷。但是，电荷是否总是附着在物质上？是否有可能将电荷从物质载体中分离出来，并在自由空间中对其进行单独研究呢？

我们已经知道，所有被紫外线照射的物质都会带正电。由于光不带任何电荷，它不能给被照物体提供正电，因此我们可以推断：我们观察到的效应实际上是由于被照物质表面失去了负电，这种现象类似于"热电子发射"，即热物体表面释放负电荷的一种现象。

此外，由于所有的物质都是由单个原子组成的，所以很明显，光照或加热的作用是提取和舍弃单个原子的基本电荷，因此我们可以得出结论：这些负电粒子是原子相对松散的组成部分。这些自由负电荷通常被称为电子，而电子的发现说明我们对原子结构有了初步了解。

电子的质量

　　这些自由电荷是否具有质量？如果有，它占原子质量的多少？19世纪末，英国物理学家约瑟夫·约翰·汤姆森爵士（Sir Joseph John Thomson）首次测量了电子的质量，即电子的电荷与质量之比。如果我们让利用光电或热电子发射获得的电子束穿过电容器的两个电板（见图9），因为电子带负电荷会被电容正极电板吸引，并被电容负极电板排斥，电子束会向正电极前下方弯曲。这样一来，电子束会投射在电容器后面事先放置的光屏上，我们就可以观察到这种偏离。电子所受的电场力与其电荷成正比，但偏离程度与运动粒子的质量成反比。因此，从这种实验中只能得出电荷与质量之比，即所谓的"电子荷质比"或"电子比荷"。

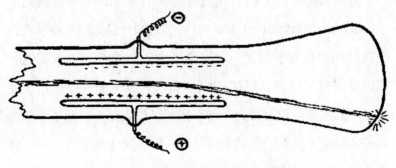

图 9 J.J. 汤姆森测量电子荷质比的装置

但是，除此之外偏离程度还取决于电子的运动速度，众所周知，如果一个方程含有两个未知数，是无法解出这个方程的。但为了解决我们的问题，找到另一个"方程"并不难。如果我们使用的不是电力，而是一种由靠近电子轨道的磁铁产生的磁力，电子束也会发生偏离，只是方式不同而已。结合这两次实验结果，我们可以分别计算出电子荷质比和电子速度的值。根据荷质比和已知绝对电荷的值，我们可以得到电子的质量，实际上电子的质量非常小，是氢原子质量的1/1840。

当然，这并不是说氢原子由1840个电子组成，因为除了带负电的电子外，氢原子还有正电荷，这才是原子质量的主要部分。

原子模型

欧内斯特·卢瑟福，也就是后来的纳尔逊·卢瑟福勋爵（Lord Rutherford of Nelson），是当代伟大的物理学家，被誉为现代核物理之父。他对原子内的负电荷和正电荷的分布问题进行了研究，并在1911年首次对原子的深度进行了探测。他的主要问题是找到一种小到可以插入微小的原子中的物体——如果碰巧有这种"物体"——那么就能确定原子的"骨架"和"软体部分"。

为了理解卢瑟福所采用的方法，我们可以想象在一个革命在即的南美小国，一名冷酷无情的海关官员必须对一大批棉花进行例行检查，因为他怀疑棉花包里藏着军事违禁品，但他没有时间逐一打开并检查每一包棉花。一番思索后，他拔出左轮手枪，向一堆棉花包扫射。"如果这些棉花包里只有棉花，"他向惊讶的围观者解释说，"我的子弹会直接穿过或扎进棉花里；但如果那些该死的革命者把武器藏在棉花里，那么有的子弹就会从我们料想不到的方向反弹出来。"

他的方法非常简单，而且非常科学，与卢瑟福的方法有异曲同工之妙（见图10），但对于微小的原子，卢瑟福必须使用更加微小的"子弹"。卢瑟福用所谓的 α 粒子①轰击他那堆原子——其实就是一块普通的物质。α 粒子是某种放射性物质发射出来的带正电荷的微小子弹。当 α 粒子穿过原子时，受到它自身的电荷与原子的电荷产生的电场的影响，必然会偏离原来的运动轨迹。因此，通过研究穿过特定物质薄片的 α 粒子束的散射，我们可以得到所研究的原子中电荷的分布情况。如果正负电荷在原子内分布大致均匀，就不会产生较大规模的散射；相反，如果原子中心的电荷分布集中，那些穿过原子中心的 α 粒子的轨道就会发生严重偏转，就像聪明机智的海关官员利用

---

① 亚原子反应所涉及的射线由希腊字母 alpha（α）、beta（β）和 gamma（γ）表示。下文将对它们进行说明。

图 10 采用弹道法分别检测棉花包中的违禁品和原子中的原子核

子弹的反弹去检查藏在棉花包里的金属物体一样。

卢瑟福的实验显示，α粒子散射的角度非常大，这表明原子内部中心区域的电荷强度很大。此外，α粒子散射的特性表明，集中在原子中心区域的电荷有可能带正电荷。集中了原子的正电荷和原子大部分质量的中心区域，其体积只有整个原子的万分之一，它就是原子核。每个原子"中心骨架"周围的负

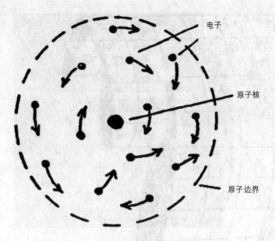

电子

原子核

原子边界

图 11 卢瑟福的原子模型

电荷，也就是"原子肉"，则是在电的相互吸引作用下围绕着中心核旋转的若干电子（见图11）。由于电子的质量相对较小，这种"负电荷大气层"实际上并不影响穿过原子体的重 α 粒子的运动，就像一群蚊子不会影响一头受惊的大象蹿过丛林一样。只有那些直接或几乎直接冲向原子核的 α 粒子才会急剧偏离原来的轨道，在某些情况下甚至会直接反弹回来。

元素的原子数量和序列

原子整体上是中性的，所以围绕其原子核旋转的负电荷的数量是由原子核本身携带的基本正电荷数量决定的，而原子核本身所携带的基本正电荷的数量则可以通过从原子核反弹出来

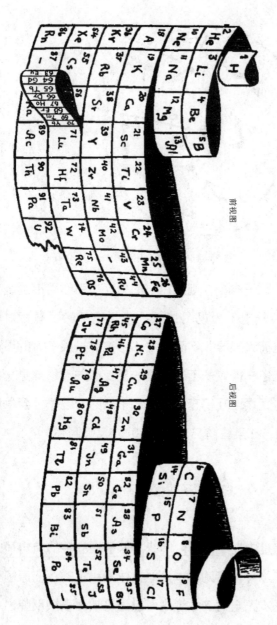

前视图

后视图

图 12 圆柱形带上的元素周期系统，第 6 周期上的环形带显示的是由于原子壳未能正常在周期表显示的元素（即稀土族元素）。

46

的 α 粒子的散射角计算出来。由此我们发现，不同元素的原子中围绕原子核旋转的电子数目各不相同。氢原子有1个电子，氦原子有2个电子……已知最重的元素铀，每个铀原子有92个电子。

这种数值特性通常被称为所讨论元素的原子序数，它与各元素根据各自的化学特性在元素周期序列表中的位置号一致（见图12）。我们看到，任何元素的物理和化学性质都可以简单地用一个数字来表述，这个数字就是原子核正电荷或者原子电子的数量。

同位素

但最近的研究〔主要是英国物理学家F.W.阿斯顿（F.W.Aston）的研究〕表明：虽然任何一种给定化学元素原子核的电荷数量都是固定的，但在不同的情况下，它的质量会有所不同。例如，普通氯实际上是两种不同原子的混合物，虽然每一种原子的电子数量相同，原子核质量却不同。混合物的 $\frac{3}{4}$ 是质量为35的氯原子（相对于氢而言）组成，剩下 $\frac{1}{4}$ 是质量为37的氯原子。所以，混合物的原子的平均质量为：

$$（35 \times \frac{3}{4}）+（37 \times \frac{1}{4}）=35.5$$

这与之前对氯原子质量的化学估计值（35.46）几乎一致。

电子数目和所有化学物理性质都相同但质量不同的原子，被命名为同位素（即在元素的自然序列中"占有相同的位置"）。目前，我们已经掌握了几种分离同位素的有效方法，例如，现在我们可以分离出两种氯原子，它们的化学性质完全相同，但原子质量不同。

阿斯顿等人的研究证明：我们已知的大多数化学元素都有两种或更多的同位素。例如，大气主要由质量为14的氮和质量为16的氧组成，但也含有这两种元素的少量重同位素（0.3%的氮15，0.03%的氧17）。

近年来最有趣的发现之一，是美国化学家H.C.尤里（H.C.Urey）发现并分离出氢的重同位素氘。将水分子中的普通氢原子替换为它的重同位素氘，得到的水比普通水重约5%，这对不善游泳的人来说是一件好事。但是，重氢具有其他更有价值的特征，下文我们将看到，它在核物理领域的应用为原子核的结构和元素的人工嬗变提供了非常重要的信息。

原子的壳层结构

俄罗斯化学家德米特里·门捷列夫（Dmitri Mendelyeev）首先指出，在按照原子量递增排列的元素序列中，元素的所有物理和化学性质都具有非常规律的周期性。这一点从图12中可以看出。在图12中，元素被排列在一个圆柱形环带上，具有类似性质的元素位于一列。①

第一周期里只有氢和氦两种元素，接下来的两个周期各有8种元素，最后每隔18个元素，元素的特性就会重复一次。如果我们还记得元素的水平排序对应着它们递增一个电子的规律，那么我们就能得出结论：上述周期性是由于原子的电子再次形成某种稳定结构（即电子壳层）而产生的。第一个稳定的电子壳层必然只有两个电子，接下来的两个电子壳层各有8个电子，之后的所有电子壳层各有18个电子。②

我们给出了三个不同原子的示意图，一个有完整的壳层，另外两个的壳层不完整（见图13）。

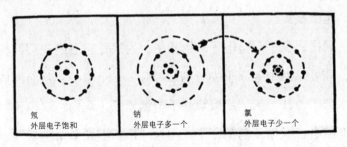

氖
外层电子饱和

钠
外层电子多一个

氯
外层电子少一个

图13 不同原子的原子壳结构

----

① 需要记住的是，这张图代表了一个圆柱体，例如氦位于氢和锂之间，因此氦以及它在元素柱下面的元素，只好被放置在"背面"的最右边。
② 注意，元素序列末尾元素的属性周期性不像前面的元素那么规律，这是由于一些已形成的内壳开始内部重建。

化学键联

我们现在可以回答不同元素的单个原子如何形成复杂分子这个问题了。例如，在图13中我们看到，氯原子要再增加一个电子才能形成完整的壳层结构，而钠原子在形成一个完整的壳层后还多出来一个电子。因此，我们应该想到，当这两种元素的原子相遇时，钠原子多余的电子会跑到氯原子那里，帮助它形成完整的壳层结构。这种变换的结果是，钠原子因失去负电荷变成带正电荷的原子，而氯原子变成带负电荷的原子。在电引力的作用下，这两个原子会黏合在一起，形成一个氯化钠分子，也就是食盐。

同样，少了两个电子的氧原子，为了让自己的壳层结构完整，需要从两个氢原子中分别"掠夺"一个电子，从而形成一个水分子（H_2O）。结果氧原子与氯原子（均为"缺电子"）不能结合，氢原子与钠原子（均为"乐于摆脱多余电子"）也无法结合。对于具有完整外壳的原子（氦和氖），它们既不给予也不索取，因此就成了化学元素中的惰性元素。

根据这幅化学反应图，我们还可以得出结论：分子形成过程中释放的能量必然来自参与该反应的两个或多个原子之间的不同电子键联。由于原子中电子与原子核之间的势能为10^{-12}尔格量级，所以这应该是各种化学反应中每个原子所释放的能量的量级。

经典理论在原子上失效

我们现在已经进行到了原子理论发展的一个关键阶段。读者可能已经注意到，卢瑟福的原子模型（见图11）由一个又小又重的中心原子核和在相互电吸引力的作用下围绕它旋转的电子组成，就像行星系统在重力作用下围绕太阳旋转一样。相同的类比还有，电引力和重力的变化都与距离的平方成反比，因此两者必然形成相同类型的椭圆轨道。

但是在这种类比中，有一个重要的区别不容忽视：在原子中电子绕原子核旋转，携带相对较大的电荷，因此必然会释放电磁波，就像无线电广播电台的天线。但由于这些"原子天线"非常小，所以原子发出的电磁波仅是标准广播电磁波的数十亿分之一。我们眼睛的视网膜所捕捉到的这些短电磁波就是发光现象，物体会发光正是因为它的原子能够释放出的这种短电磁波。因此，我们可以得出结论：在卢瑟福模型中，围绕原子核旋转的电子一定会释放光波，并因此逐渐失去动能。如果这个结论是真的，那么我们很容易就可以推算出，所有原子中的电子都会在瞬间完全失去动能，然后落到原子核表面。

然而，实验证据表明，这种坍落现象并不会发生，原子中的电子始终与原子核保持相当的距离并围绕其旋转。除了违背原子本身的基本属性之外，理论预测和实验证据之间还有大量其他重要的差异。例如，我们的实验表明，原子发出的光由许多确切波长的光波（线光谱）组成，而卢瑟福的模型中电子的运动会释放出包含所有波长的光波的连续光谱。

实际上，在原子内部，经典理论做出的任何预测都未能得到证实！

量子定律

被这些矛盾困扰的年轻物理学家尼尔斯·玻尔（Niels Bohr）从绿意葱茏的哥本哈根启程，去找卢瑟福（Rutherford）一起研究原子结构问题。他很清楚，这个问题太复杂了，不是通过对理论作细微的修正就能解决的。一切实验都表明，原子的内部结构对我们来说深不可测，辉煌的经典理论也注定无能为力。

如果原子内部发生的运动不能用经典力学来解释，那必然是经典力学的问题，而不是原子的错。毕竟，除了经典理论，再没有其他理论可以解释。诚然，伽利略和牛顿为解决恒星和大质量物体的问题而创立了经典力学体系，为什么人们期望这一体系对微小原子的"运动部件"依然适用？虽然几个世纪以来，经典力学体系被认为是绝对的普遍应用的经典理论，但是玻尔还是决定对此进行挑战，试图寻求一种新的、更普遍的运动理论，而经典力学理论将只作为其中的一种特例。

1900年，德国物理学家马克斯·普朗克（Max Planck）提出一个革命性的假设，即光的释放和吸收只能以能量的某种离散份额或量子形式进行。之后，玻尔也认为任何运动的粒子系统的机械能都可以被"量子化"，也就是说，机械能只能在一组离散值之中。能量间断性概念（超出经典理论的范畴）在某种意义上可以被认为是对能量原子性的一种表述——当然也有例外，在这种情况下不存在通常意义上的基本部分（如电子带电的情况）。也就是说，能量量子的大小在不同特定情况下是由各种附加的条件来定义的。因此，在辐射情况下，单个光量子的能量与光的波长成反比，而在移动粒子的系统中，机械能的量子能量随着系统维度的减小和粒子质量的减小而增加。

现在，我们看到，在辐射情况下，能量份额，即量子能量，虽然对无线电的长波来说微不足道，但对于原子释放的更短的光波却极为重要。同样，机械能的量子能量只对诸如电子围绕原子核旋转这样的小系统起重要作用。而且，在日常生活中，我们很容易忽视能量的原子性，就像我们忽视物质的原子性一样，但在原子的微观世界中，情况就大相径庭了。在卢瑟福的模型中，电子不会坍落在原子核上，仅仅是因为它们在这种条件下拥有的能量是粒子所能拥有的最小能量。因为它们具有最小能量，而最小能量原则上不能再继续减少，所以它们的运动被称为"零点运动"，即经典物理学中的"完全静止"。

如果我们给原子一些额外的能量，那么它的第一个量子能量就会完全改变原子的运动状态，并把其电子带入所谓的"第一激发量子态"。为了回到正常状态，我们的原子必须以单个光量子的形式释放之前获得的能量，这就确定了发射光的波长。

新力学

尽管玻尔的原子理论使我们对亚原子现象有了更深了解，但显然没有成为亚原子运动的最终理论。1926年，奥地利物理学家埃尔温·薛定谔（Erwin Schrodinger）和德国物理学家维尔纳·海森堡（Werner Heisenberg）同时提出了"新力学体系"理论，这是量子理论的另一个惊人发展。

薛定谔的理论以法国杰出的物理学家路易斯·德布罗意（Louis de Broglie）的独创性观点为基础。德布罗意认为，物质体的任何运动都受到某种特殊的物质"导波"的引导，而这种"导波"赋予了这些运动某些只有波运动现象才具有的特性。

　　海森堡的新力学理论则是基于一个看似完全不同的观点，他认为任何运动粒子的位置和速度都不应该用普通的数值来表示，只能用某些不可互换的矩阵来表示，这种矩阵在纯数学领域中已经被运用了一个多世纪。尽管这两种理论存在着巨大差异，但它们很快就被证明具有同样的数学意义——对同一物理实体的不同解释。

　　不久，海森堡和玻尔，特别是玻尔，对经典测量理论进行了尖锐批判，并揭露了上述事实。结果表明，量子现象的存在

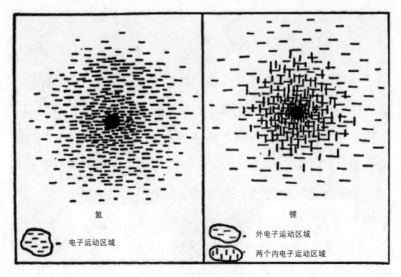

图14　原子的力学波动图

55

使得我们在描述物理世界时有必要引入某种不确定性原理，这与经典理论严格的因果关系和确定性是相悖的。根据这一不确定性原理，经典力学中一些基本概念（如轨道概念）必然在新的力学体系中遭到完全否定。在这一理论中，围绕原子核运动的电子不应用明确的轨道来表示，而应用一个连续的"展开"图来表示（见图14）。[1]

因为对新力学原理的更详细讨论超出了本书的范围，所以对现代物理学中的不确定性问题感兴趣的读者，建议你们去查阅相关专业书籍。[2]

原子核问题

我们在本章开头提到过，2000多年前，当原子最早被引入科学领域时，它被认为是物质中最小的、逻辑上不可分割的单位；而根据现代物理学的观点，原子则是一个相当复杂的力学系统。德谟克利特认为原子具有不可分割性和永久性，如今对这些属性的探究已经深入原子内部的原子核。根据卢瑟福的模型，原子核是一个静止不动的中心，电子会围绕这个中心不停

[1]　这就是为什么不可能精确地表示原子或分子的几何尺寸的原因。
[2]　例如作者的《物理世界奇遇记》，就对新力学和物理学中的不确定性原理进行了广泛讨论。然而，需要强调的是，了解量子力学知识并不是理解本书所必需的。

旋转。

然而，下章中我们要探讨的放射性现象将表明，虽然这个"原子骨架"乍一看毫无生气，但它实际上却有非常明确的内部结构，而且可能比原子本身的结构还要复杂。

第三章　元素转化

放射现象的发现

　　放射现象的发现纯属偶然，不过，即使这个偶然没有被贝克勒尔教授发现，从慢慢衰变的原子核内部泄漏的能量也会通过其他方式被注意到。亨利·贝克勒尔（Henri Becquerel）是索邦大学的物理学教授，他对荧光很感兴趣。荧光是指某些物质具有的一种特性，即能够吸收和积累照射在其上的光的能量，并在光源被移走后仍可在一定时间内持续发光。1896年，贝克勒尔获得了一份铀化合物制剂用于研究这种物质的磷光现象。但他的兴趣很快转移到其他方面，于是把这种原料扔进了工作台的抽屉里。

　　碰巧，当时抽屉里放着一个盒子，里面装着一些未曝光的胶片，那瓶铀化合物制剂正好放在盒子的上面，几个星期没被动过。为了拍一些照片（全家福或我们不知道的复杂的吸收光谱），贝克勒尔终于打开抽屉，移开被遗忘的那瓶制剂，拿出装着胶片的盒子。但是冲洗照片时，他发现这些胶片已经被严重损坏了，就好像它们曾被曝光过一样。他很奇怪，因为胶片是用厚厚的黑纸精心包好的，从来没有打开过。抽屉里唯一可能损坏胶片的东西就是那瓶铀化合物制剂了，只有它一直被放在离胶片非常近的地方。

有可能吗？贝克勒尔疑惑地观察着手里的制剂瓶：这种物质是否可能在没有任何诱因的情况下，释放出某种看不见的、可以毫不费力穿过盒盖和黑纸的高辐射，并对摄影乳胶产生影响？为了证实这个猜想，他用一些新的胶片重复了这个实验。但这一次，他故意从一个抽屉里拿出一把铁钥匙，放在胶片和可疑的神秘辐射源之间。

几天后，当贝克勒尔在摄影暗室的红灯下看到钥匙的轮廓在胶片逐渐变暗的背景下慢慢显现出来时，可能兴奋的双手都颤抖了。是的，这绝对是一种新型的来自铀原子的辐射，这种辐射能轻易穿透在普通光照下不透明的材料，但仍然无法穿透像钥匙那么厚的物体！

之后的研究显示，当时唯一已知能够产生相同辐射的元素是钍，它是元素周期表中排在铀之后的最重的元素；不久后，法国科学家居里夫妇经过艰苦探索，发现了全新的放射性元素。经过大约两年的努力，居里夫人（Madame Curie）终于成功地从铀矿（波希米亚沥青铀矿）中提取出两种新元素，其放射性远超铀和钍。一种被命名为镭，另一种则被命名为钋，以纪念居里夫人的祖国。后来，居里夫妇的一位搭档发现了另一种放射性元素——锕。研究还表明，镭的制剂会产生一种活性很强的被称为激光或氡射气的气态物质。

越来越多的新放射性元素迅速填补了元素周期表最后一行的空白，这些放射性元素集中在元素周期表的最末端，这有力地表明，它们的特殊活性在某种程度上与它们不断增加的复杂性有关。

重原子的衰变

1903年，我们在前文讨论原子核模型时提到的英国物理学家欧内斯特·卢瑟福（Ernest Rutherford）提出了一种假设，即重元素的原子本质上是不稳定的，会随着其组成部分的放射而缓慢衰变。他确实证明：放射性物质放射的所谓α射线实际上是快速移动的元素氦的正电原子束。大家应该记得，卢瑟福正是用这些α粒子轰击原子的。当这种射线与被穿过的物质的原子发生碰撞，失去原有的高能量后，α粒子就会减速，并通过捕获两个自由电子形成普通的氦原子。事实上，氦总是可以在陈旧的镭中被检测到。由于α粒子明显是从放射性元素的原子核内部喷射出来的，所以我们断定这种原子核是不稳定的。在失去一个或多个 α 粒子（如每个粒子有四个质量单位和两个电荷）后，放射性原子的原子核转变为一个在元素周期表中不太靠前的相对较轻元素的原子核。

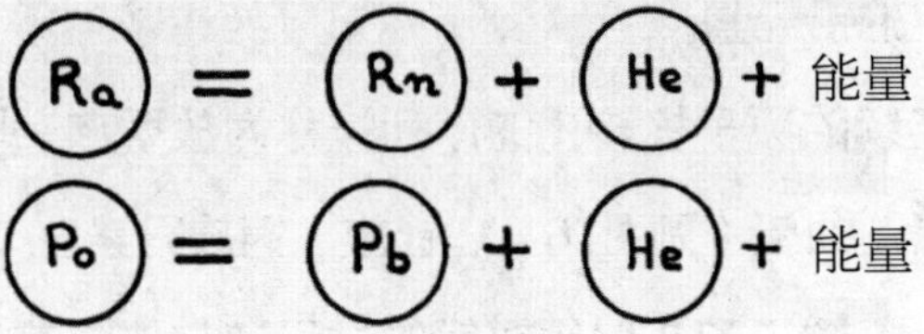

图 15　不稳定原子核的自然衰变

（1）镭分解为氡和氦；（2）钋分解为氦和铅。

例如，元素镭（$Z=88$，$A=226$）[①]的 α 粒子辐射会形成氡射气（$Z=86$，$A=222$）；α 粒子从钋（$Z=84$，$A=210$）原子核中逸出后该钋原子就会变成铅原子（$Z=82$，$A=206$）。这两个分解反应的公式已列出（见图15）。在铅元素中，连续的 α 转化会停止，因为铅属于原子核稳定的边缘元素之一，所以排在铅之后的元素都不可能发生衰变。

然而，不稳定重元素的裂变不时会被原子核内部衰变释放的负电荷电子打断。这种原子核释放电子的现象被称为 β 射线喷射，β 射线喷射不会改变原子的实际质量（因为电子微不足道的质量可以忽略不计），却会增加原子序数，从而使相应元

[①]　$Z=$ 元素在周期表中的位置（见图12）；$A=$ 元素相对于氢元素（为 1）的原子质量。

素在元素周期表中的位置更靠前。①不过，这种暂时的前移很快就被接下来的 α 辐射所抵消。虽然这些不稳定元素有时后退两步，有时前进一步，但总体上都在慢慢远离不稳定区域，直到转变成稳定的铅元素。

这种连续的原子核转化的序列被称为放射族，因此我们有了含镭元素的铀族（见图16）、钍族、锕族元素。

最终，α 粒子和 β 射线辐射的过程通常伴随着原子核内部的强烈衰变，导致极短波电磁辐射释放，这种极短波类似于普通的X射线，通常被称为 γ 射线。这种高穿透性的辐射（与 α 辐射和 β 辐射不同的是，γ 射线不含物质粒子）通常是其他放射性物质产生成像等效应的原因。

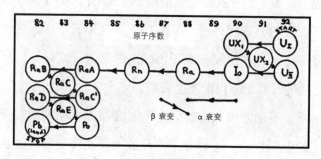

图 16 铀族衰变

箭头表示由于 α 和 β 转化，铀在元素周期表中位置的连续变化。圈起来的字母是不同放射性元素的化学符号，例如 U 表示铀；Io 表示镏；Ra 表示镭；R 表示氡；Po 表示钋。

----

① 损耗一个负电子显然等于增加原子核的正电子。

能量释放及衰变周期

当我们看到卢瑟福将 α 粒子用于轰击的时候，我们就应该想到 α 粒子在自发核衰变过程中释放出的动能极高。例如，镭原子核释放的 α 粒子速度高达15000千米/秒，是室温下普通热运动速度的数千倍；尽管它们的质量很小，但每个粒子都有0.000007尔格的能量。因此，α 粒子的能量强度（每单位质量中的能量）实际上是现代火炮炮弹能量的10亿倍。

假定1克镭中的所有原子同时释放它们的 α 粒子，那么1小时内就会释放2×10^{16}尔格的巨大能量。因此，几磅镭所含的亚原子能量就足以驱动一艘大型客轮横跨大西洋往返欧洲，或者使一辆汽车连续行驶几百年。然而，隐藏在镭核内部的亚原子能量不会一次性释放出来，而是非常缓慢地泄漏出来的。事实上，给定数量的镭原子需要1600年才能衰变一半，剩下的一半又需要1600年才能再衰变一半。这种缓慢的放射性衰变使每单位时间的能量释放相对很低，如果用1克镭（价格为4万美元）泄漏的能量来加热一杯茶，我们必须等上几个星期。

铀和钍的衰变周期分别是45亿年和160亿年，在这种情况下，它们的能量释放率自然更低。不过，也有一些元素寿命较短，如氡（生命周期为3.8天）或RaC′（在0.00001秒内完成衰

63

变）。但是，正是由于它们衰变迅速，所以在放射性矿物中的含量非常小，甚至很难用普通的化学方法检测出来。

我们稍后将在第十二章中看到，目前已知的所有放射性元素实际上都是在宇宙发展的初期形成的，从这个意义上说，它们代表了"最早的创世文献"。目前能找到的只有铀和钍以及它们的各种衰变产物（相应的族成员）可在年龄上与宇宙相提并论。如果原子序数更高的不稳定元素是在元素形成早期产生的，那么它们在数十亿年间早就完全衰变，在我们的星球上无处可寻了。

放射性α衰变的"泄漏"理论

如果放射性元素的原子核不稳定，会随组成部分的放射而衰变，那么有什么办法能阻止它们衰变呢？为什么铀和钍的原子核能保留它们的α粒子数十亿年，其他元素的原子核却会在不到一秒钟的时间内释放它们的α粒子呢？这在很长一段时间里一直是放射性理论的核心谜题。1928年夏天，当作者访问哥廷根大学时，这些问题又出现在他的脑海里。哥廷根是一个沉闷的小镇，两个破旧的电影院是小镇上所有的娱乐场所。作者本来对第一次出国之旅期待良多，但在这里他也只能心无旁骛地做些研究了。

显然，从经典物理学的角度来看，α粒子想要穿透其"核地牢"周围的"高势能墙壁"逃逸是不可能的。因为，根据当时刚刚公布的卢瑟福的实验，放射性元素原子核周围"墙壁"的能量远高于α粒子的能量。尽管在经典理论的框架下，放射性衰变似乎是不可能发生的，但是新量子力学为解释这一过程提供了可能。按照这个思路，作者很快就证明，放射性元素的衰变实际上是一个纯粹的量子力学过程，在这个过程中，α粒子"泄漏"出原子核势能壁，就像一个古老的幽灵穿过一座古老城堡的厚墙一样。"透明"原子核壁的量子力学公式与所观察到的发射粒子能量和相应衰变周期之间的关系相吻合，这无疑说明作者所做的解释是正确的。

　　实际上，当作者在德国的老城探索这一α衰变理论时，大西洋彼岸的另外两位物理学家R.W.格尼（R.W.Gurney）和E.U.康登（E.U.Condon）也在研究这一课题，并对放射性现象做出了类似的解释。

　　随后的几年间，原子核势能壁的量子理论被证明是非常有意义的，不仅可以解释α的自发衰变过程，而且可以广泛应用于核轰击引起的人为元素的转换。此外，它还有助于解释热核反应，而我们稍后会看到，热核反应就是恒星能量的主要来源。

原子核电调整引起的 β 衰变过程

我们在上文提到过，任何放射族连续的 α 释放过程都会随时被原子核释放的自由负电荷（或电子）打断，因此我们很自然地认为电子和 α 粒子是原子核的重要组成部分。这个问题我们无法在这里深入探讨。经过更深入地研究，物理学家们得出了这样的结论：电子并不在原子核内，因为电子体积太大，微小的原子核根本无法容纳这些电子。

这个结论乍一看是自相矛盾的，但根据目前的观点是解释得通的。根据这一观点，放射性元素释放的电子是在其被释放之前由原子核携带的"无定形"电荷"创造"的。诚然，想要避开技术细节解释这一观点是相当困难的，但我们可以相信这个观点，即电子在被原子核释放之前原子核内并没有电子，就像肥皂泡被吹出管子之前管子内没有肥皂泡一样。

当 α 释放打破衰变原子核的质量和电荷之间的微妙平衡时，原子核就会立即进行电调整，将多余的电荷以自由电粒子的形式释放出来。举例来说，当钍放射族成员之一——ThC——释放出能量很高的 α 粒子时，ThC原子核会转化为ThC″原子核，其原子量为208，携带81个基本单位的正电。但是，如果我们看一下稳定元素表，会发现质量为208的稳定原子核应该有82个单位的正电荷，是铅的同位素。因此，为了变得稳定，ThC的衰变产物必须释放出一个自由负电荷（β粒子），然后转化为普通的铅，并以此形式存在下去。

我们稍后会看到，在所谓的人工核转化过程中形成的原子核，有时可能会以相反的方式恢复它们的电平衡，即通过释放一个自由正电荷来保持稳定。例如，人工产生的氮原子核，其原子量为13（轻同位素），通过这种释放将自己转变为稳定的碳原子核（重同位素，原子量同为13）。依据狄拉克（P.A.M.Dirac）的推测，这些未知的正电子理论上是存在的。这一发现开创了我们对β衰变特点认识的新时代，但本书对这一问题不做探讨。

炼金术

衰变放射性元素的发现表明，中世纪炼金术士们梦想人为将一种元素转化为另一种元素并非异想天开。如果位于元素周期表上的那些内部不稳定元素能够自发地相互转化，那么我们有理由相信，在人为的足够强大的外力影响下，那些较轻的、通常稳定的元素也是可以转化的。

炼金术士们的尝试失败了，但他们在当时所能借用的外力只有普通的化学反应和热反应，而原子核内的结合能超出普通化学结合能数百万倍。炼金术士对原子核的攻击，就像用中世纪的弹弩去攻击马其诺防线或齐格弗里德防线的现代防御工事。

我们想要攻破原子核堡垒，就必须使用与原子核自身放射的粒子能量相当的炮弹。了解了各种放射高能 α 粒子的放射性元素，我们或许可以将这些核电池的火力对准较轻的、稳定的原子核，希望一些直接射击该原子核的 α 粒子能穿透其壁并在其内部造成预期的破坏。

正是怀着这样的想法，1919年，执着于探索原子内部结构的欧内斯特·卢瑟福（Ernest Rutherford），在一个充气腔内成功用某种放射体发射的快速移动的 α 粒子束击碎了静静移动的氮原子！

拍摄核轰击

卢瑟福发现核轰击后，他的学生帕特里克·布莱克特（Patrick Blackett）航拍了核轰击现场，从照片中我们可以看到核轰击的过程及其杀伤力。人们可能会认为，核炮弹太小，移动太快，无法被直接拍摄到，但事实上，拍摄这些微小但具有破坏性的粒子的轨迹要比拍摄军用大炮发射的炮弹轨迹容易得多。

用于拍摄这类照片的仪器通常被称为云室或威尔逊云室。它的操作是基于这样的原理：快速移动的带电粒子，如α粒子，穿过空气或其他任何气体时，会让处于其运动轨道上的原子产生一定的变形。由于这些带电粒子电场强大，它们会从挡道的气体原子中剥离出一个或多个电子，留下大量的电离原子。但这种状态不会持续太久，因为在带电粒子通过后不久，电离原子就会收回它们的电子，回到正常状态。但如果这种电离发生在充满水蒸气的空气中，每个离子上就会形成微小的水滴（水蒸气常附着在离子、尘埃颗粒上），沿着带电粒子的轨道产生一条薄薄的雾带，就像一架喷雾飞机飞过后留下的轨迹一样，带电粒子在气体中运动的轨迹因此变得可见。

　　从技术角度来看，云室是一种非常简单的装置（见图17），由一个带玻璃盖（B）的圆筒状金属气缸（A）和一个活塞（C）组成，活塞（C）可以通过图中未显示的装置上下移动。玻璃盖和活塞之间的空间充满了含有大量水蒸气的空气（或其他任何气体）。如果在原子子弹通过窗口（E）①进入云室后立刻拉下活塞，活塞上方的空气就会冷却，水蒸气会沿着子弹的轨迹凝结成薄薄的雾带。这些雾带被另一侧窗（D）的强光照射，在活塞黑色的表面上格外清晰，由活塞自动操作的摄像机（F）会拍摄下这一切。这种简单的装置是现代物理学最

———————————
① 这扇窗户通常盖着一层薄薄的云母，快速移动的原子子弹很容易通过。

有价值的仪器之一，可以帮助我们获得核轰击的珍贵照片。

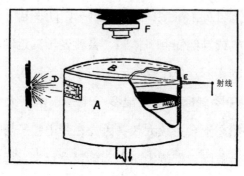

图 17 威尔逊云室结构图

击破氮原子

为了研究氮原子的轰击，布莱克特在云室中填充了空气，因为空气中含有大量的氮。当然，要使 α 粒子穿过侧窗直接瞄准氮原子的原子核是不可能的，我们只能指望核动力电池的火力足够强，可以偶尔击中氮原子核。

前期用这种方式拍摄的照片没有捕捉到直接轰击，α 粒子的轨迹直接穿过了云室。但是，经过大量拍摄——拍摄了23000张——布莱克特终于成功地获得了8张 α 粒子与氮原子核直接碰撞的照片。由此可知，α 粒子与氮原子核碰的概率极低，说明核转化过程几乎不可能大规模生产新元素，也不可能是大规模亚原子能量的来源。

经过复制布莱克特拍摄的一张碰撞照片，我们可以看到在这一过程中究竟发生了什么（见图18）。该图显示了一个 α 粒子高速靠近一个氮原子并与其原子核发生碰撞。我们还能看到碰撞的结果：一个质子（例如一个氢核）从原子核内部向左喷射，而原子核本身则从碰撞发生点向右射出。[①]但是 α 粒子本身的轨迹已经消失了，由此我们得出结论，它一定是在碰撞的瞬间附着在了原子核上。

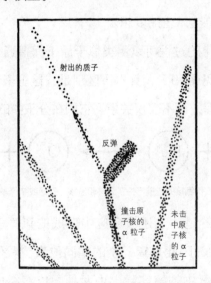

射出的质子

反弹

撞击原子核的 α 粒子

未击中原子核的 α 粒子

图18 布莱克特拍摄的核变化照片（点代表雾滴）

① 这里必须解释的是，云室照片不仅显示了射入粒子的轨迹，而且帮我们确定了它们的属性。运动粒子产生的电离量取决于其电荷，电荷越高，云室中形成的雾带就越厚。从图18中可以看出，碰撞产生的分叉左分支比入射 α 粒子的轨迹稍薄，这意味着形成这个轨迹的粒子的电荷比 α 粒子的电荷要小，因此这个粒子肯定是质子。另一方面，右分支很厚，说明这是一个电荷很高的原子核。

因此，我们观察到的碰撞产生的原子核不再是原来的氮原子核，而是某种与之不同的物质——氮核得到一个 α 粒子（氦原子核），失去一个质子（氢原子核）。这一过程使核电荷增加一个单位（+2−1），核质量增加三个单位（+4−1），这样一来，我们就得到一个原子序数为8、原子量为17的氧原子核，而不是一个原子序数为7、原子量为14的氮原子核。因此，用 α 粒子轰击氮原子，氮原子会转变成氧原子，最终实现了元素转化这个中世纪炼金术士的梦想。

原子核转化的过程可以用类似于原子间普通化学反应式的形式来表示（见图19），其本质区别是，这里表示的是原子核内部发生的过程，而不仅仅关系到它们在分子中的位置。

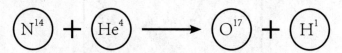

图 19 氮核和氦核的碰撞产生了氧核和氢核（上标数字代表原子量）

应该注意的是，上述核反应中形成的氧原子的原子量为17，而不是16，因此是氧元素的重同位素。我们已经在第二章中提到，大气中的氧实际上由两种同位素组成：含量非常丰富的 O^{16} 和非常稀少的 O^{17}，后者在大气中所占的比例不到0.03%。

卢瑟福及其所在学校进行的进一步实验表明，许多其他轻元素在受到快速移动的 α 粒子轰击时，也会发生与氮原子类似的核转变，例如，硼（Z=5）转化为碳（Z=6），钠（Z=11）转化为镁（Z=12），铝（Z=13）转化为硅（Z=14）。但是，这些转变的速度在任何情况下都非常慢，而且随着被轰击元素的原子重量的增加而迅速下降，因此，在周期系统中氩（Z=18）以后的任何元素发生的裂变我们都观察不到。

质子轰击

在所有人工转化元素的经典实验中，α粒子作为唯一由放射性元素原子核自然发射的重粒子，一直是用来轰击原子核的唯一选择。然而，本书作者提出的核转化理论表明，如果用速度很快的质子代替α粒子，效率会高得多。由于质子的电荷较小，在接近高电荷原子核时所受排斥也较少，因而具有更强的穿透原子核的能力。此外，使用新粒子进行核轰击可能会引起与以前研究完全不同的核反应。

但是，由于质子不是普通放射性元素自发释放的，所以需要在高强度电场中加速氢原子（确切地说是氢离子），人为地生产这些粒子的高能光束。在这方面首个成功的实验是由卢瑟福年轻的天才学生J.科克罗夫特（J.Cockcroft）在剑桥的卢瑟福实验室进行的。使用50万伏的高压变压器，科克罗夫特获得了以10000千米/秒平行运行的质子束。尽管这些人为加速的粒子获得的动能仍然比卢瑟福所用的α粒子的动能小得多，但事实证明，它们也能非常有效地进行核轰击。当科克罗夫特将他的质子束对准一个覆盖着一层锂的目标时，他注意到许多锂原子核受到入射质子撞击时，会分裂成两个相等的部分（见照片3A）。

这种情况下发生的核反应方程如下（见图20），从中可以清楚地看出，这次轰击使相撞的氢原子核和锂原子核完全转变

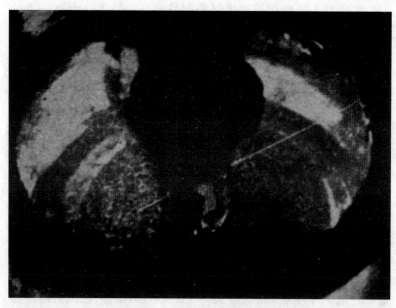

照片3A 一个人工加速的质子，从原子粉碎器的离子管末端飞出来，将锂原子核转变成两个α粒子。照片上的云迹对应两个向相反方向飞行的α粒子。

为纯氦核。在质子轰击所产生的其他反应中，氮转变为碳[①]：

$$_7N^{14}+_1H^1\rightarrow_6C^{11}+_2He^4$$

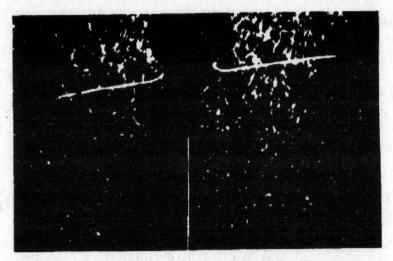

图 20 锂和氢原子核碰撞会产生两个氦核（或 α 粒子）

还有非常有趣的反应（见照片 3B），在质子轰击下，硼原子核分裂成三个 α 粒子：

$$_5B^{11}+_1H^1\rightarrow_2He^4+_2He^4+_2He^4$$

照片 3B 一个人工加速的质子将硼的原子核分裂成三个向不同方向飞行的 α 粒子。

---

① 公式中每个化学符号左下角的数字表示该元素的原子序数（Z）；右上角的数字表示它的原子量（A）。注意，原子序数和原子量在每个公式的两边都是平衡的。在这个公式中，获得的是碳的轻同位素，因为普通碳应该是 $_6C^{12}$。

至于质子引发裂变的可能性，应该说，虽然比α粒子轰击产生裂变的概率要高（与理论预测一致），但也遵循相同的一般规律，即裂变速度随着轰击元素重量的增加而迅速减小，也随着入射质子能量的降低而迅速减小。然而，当入射质子的能量低至10^{-18}尔格时，仍然可以看到轻元素核转变的一些迹象。

科克罗夫特在制造快速质子光束方面的创举，为高压技术在核领域的应用指出了新方向。目前，世界各地的许多物理实验室都拥有类似的巨大仪器，其名称多种多样，如电压倍增器（科克罗夫特型）、静电发生器、粒子回旋加速器等。

静电"核粒子加速器"

"嘿，拉里！有你的电话！"梅尔·图维博士（Dr.Merle Tuve）喊道，他把头伸进了一个60英尺①高的巨大钢球的狭长开口里，这个球体竖立在华盛顿卡内基研究所的场地上。

拉里·哈夫斯塔德博士（Larry Hafstad）悬吊在空中，在球顶昏暗的灯光下，正在用普通的家用真空吸尘器仔细清洁球体的表面。球体的表面必须保持清洁和光滑，因为任何污渍和不规则的地方都可能产生不必要的放电。正是因为这样，

① 1英尺 =0.3048 米。

范德格拉夫博士（Van de Graff）在新贝德福德附近废弃的飞机机库建造了第一个巨大的静电发生器（见照片4）之后，不得不击落几只住在机库屋檐下的鸽子，因为它们会弄脏球体表面。

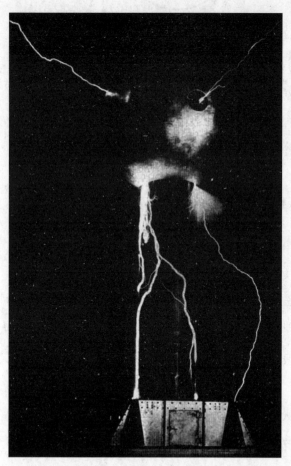

照片 4 范德格拉夫的静电发生器产生的火花，其底部的门实际高度跟人的身高差不多。

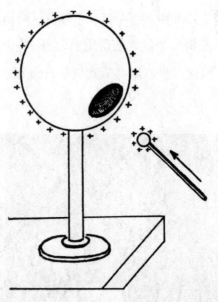

图 21 静电原子加速器原理。如果把一个带电的球形小导体通过一个洞放到一个大的导体里，这个小导体就会把它携带的电荷传给这个大的导体。

趁着哈夫斯塔德博士接电话，让我们好好检查一下这个巨大的原子加速器。读者可能还记得高中物理课上讲过，电荷总是分布在带电导体的表面。在课堂上老师为了演示这种电的特性，通常会用一根玻璃棒将带电球形导体引入一个更大球体的内部，并使其接触后者的内表面（见图21）。在这种情况下，小导体的电荷完全转移到较大球体的外表面。多次重复操作后，较大的球体可以充电获得任意确定的高电势，这样它就会向最近的导电物体发出长长的火花。

总体上看，现代的静电发生器与这种简单的装置不仅在尺寸上有所不同，在细节上也有很大的差别。特别是，静电发生器将电荷转移到导体内部并不是通过反复引入较小的带电体来实现的，而是通过一种能够连续提供电荷的输送系统来实现的。在静电发生器下部提供电压的变压器与上部球体内部固定的滑轮之间是一条绝缘环形带，它稳定地携带电荷，把球体的电势能提到非常高的程度。

在照片5所示的静电发生器中，在传送带开始携载第一个电荷几分钟后，电压就可以达到500万伏。虽然从理论上讲，这种设置能无限提高电势，但在实践中，当带电球与周围的球形防护钢壁之间产生火花时，电势就达到了极限值。①

有了这个高电荷球体，我们把一个真空玻璃管的一端从下面放入带电球体，另一端固定到地上，通过加速真空玻璃管中相应的粒子，如质子、α粒子、锂原子核等，就可以获得相应快速移动的粒子束。当这些带有巨大动能的粒子到达玻璃管底部时，它们会穿过一个薄薄的云母窗口进入地下实验室，并被引导至正在研究的物质上。在位于实验室顶棚的高能质子束入口处，摆满了大量复杂而奇特的装置，用来记录核裂变的结果。

---

① 这个外部的钢结构不仅可以防雨防雪，还可以使空气保持干燥，尽量避免不必要的放电。在照片4所示的静电发生器中，保护球内的空气低于标准大气压，这也有助于通过减少火花距离来实现更高的电势。

照片 5 华盛顿卡内基研究所的静电原子加速器。它能产生高达 500 万伏特的静电张力。横截面显示了球状导体、绝缘支座和加速粒子管，顶部和底部附近的充电器显示被切断。

回旋加速器

静电发生器的原理几乎可以追溯到我们对电认识的初期，而由欧内斯特·欧·劳伦斯博士（Ernest O.Lawrence）率先在加利福尼亚建造的回旋加速器则是基于一种全新的理念。劳伦斯没有通过几百万伏特的电势梯度来加速粒子的运动，而是让粒子绕着一个圆圈运动，并且它们每次经过一个特定的标志时都向它们施加一些电压，相当于给它们一个轻微的推力，这样它们的能量就会逐渐递增。

要让带电粒子在圆形轨道中运动，就必须将其置于均匀磁场中，因为根据基础物理知识，垂直于带电粒子运动方向的磁场会使其运动轨迹弯曲做圆周运动。随着粒子不断转圈，从连连续的"电击"中获得的能量越来越多，磁场产生的偏转就会变得越来越小，圆形轨道半径也就越来越大。幸运的是，对劳伦斯而言，粒子运动速度的增加正好补偿了轨道长度的增加，所以粒子每隔同等的时间都能回到这个"电赛道"的同一标杆处。这使得利用普通高频发生器产生的电势来进行电击成为可能（见图22）。

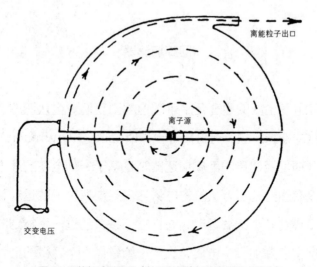

离能粒子出口

离子源

交变电压

图 22 回旋加速器原理（粒子以螺旋加速度的形式运动）

在加利福尼亚大学劳伦斯建造的回旋加速器中（见照片6），粒子（质子）连续转许多圈才从装置中出来。粒子旋转一圈所用的时间极短，远不到一秒钟，且每转一圈就会受到一次电击，所以在它接近终点时，它的总电势已经累积到几百万伏特。螺旋轨道末端有一扇薄云母窗，这些高能粒子通过窗口从仪器中喷射出来，就可以用于任何形式的核轰击了。

利用人造粒子束进行的实验可以任意选择所需粒子的类型及速度，这使我们对各种核反应有了更深的认识。除上述几点外，人们还用这些方法研究了许多其他有趣的核转变。

　照片6　位于加州伯克利的劳伦斯回旋加速器产生的 α 粒子的能量超过3000万电伏。透过中央的开口可以看见那块巨型电磁器的线圈。回旋加速器几乎完全被水箱包围，以保护实验人员免受辐射伤害。

新型"入侵"子弹

在过去的十年里，核物理的研究因为一种全新的粒子子弹的发现而取得了很大进展。尽管这种子弹在许多方面类似于普通质子，但它不携带任何电荷。这些不带电的质子，就是我们常说的中子。它是进行核轰击理想的子弹，因为它没有电荷，不会受到带重荷电的原子核的排斥，而且可以毫不费力地进入原子核内部。

虽然卢瑟福早在1925年就提出了关于这类粒子可能存在的假说，但直到1932年，卢瑟福的搭档詹姆斯·查德威克博士（James Chadwick）才真正证明了这些粒子的存在。他成功地证明，铍在α粒子轰击下释放的特殊辐射含有中性粒子，其质量与α粒子的质量相当，轰击生成的原子核类似于普通碳的原子核。

目前，中子通常是由两个氘核（即重氢原子的原子核）的碰撞产生的。[①]在现代高压发生器中加速重氢粒子，使它们落在某种物质上，例如分子中含有重氢的重水。在碰撞过程中，会产生大量快速运动的中子，如方程所示：

$$_1D^2 + {}_1D^2 \longrightarrow {}_2He^3 + {}_0n^1$$

① 重氢通常被称为氘，它的核符号是 $_1D^2$（电荷1，原子量2）。

84

正如我们所看到的，这个反应的另一个产物是原子量为3的轻氦同位素，研究发现它通常与原子量为4的普通氦混合在一起，但是混合比例很低。

这里应该注意的是，由于没有电荷，中子在其轨道上运行时不会与空气中的任何分子产生电离，因此在穿过云室时也不会留下任何可见的痕迹。我们通常只能通过它们与空气中挡道的粒子发生碰撞所留下的痕迹观察到它们。

中子轰击后

如上所述，中子可以轻易穿透包括重荷电原子核在内的任何原子核，并对其内部产生毁灭性的影响。意大利物理学家恩里科·费米（Enrico Fermi）和他的合作者在这方面进行了大量研究。中子在穿透较轻元素时往往伴随着 α 粒子或质子的喷射，例如：

$$_7N^{14} + {_0}n^1 \rightarrow {_5}B^{11} + {_2}He^4$$

在这个反应中，氮转化为硼和氦；又如：

$$_{26}Fe^{56} + {_0}n^1 \rightarrow {_{25}}Mn^{56} + {_1}H^1$$

在这个反应中，铁转化为锰和氢。

而对重元素来说，原子核周围的势能壁太强，虽然无法阻止中子进入，却能阻挡任何带电原子核抛出其组成粒子。在这种情况下，进入原子核的中子必须通过电磁辐射来释放能量，这会使原子核发射出硬性 γ 射线，例如：

$$_{79}\mathrm{Au}^{197} + _{0}\mathrm{n}^{1} \rightarrow _{79}\mathrm{Au}^{198} + \gamma\text{-rays}$$

在这一反应中形成了一个金的重同位素。被轰击元素生成重同位素以后，原子核会通过释放一个电子来调整电荷。

核爆裂

在我们讨论过的所有核反应中，这种转化主要是一些相对较小的核构造部分（如 α 粒子、质子或中子）的喷射。到目前为止，在亚原子物理学的发展中，还没有观察到重元素的原子核分裂成两个或两个以上近似相等的部分。但是，1939年冬，两位德国物理学家欧·哈恩（O.Hahn）和丽斯·迈特纳（Lise Meitner）观察到了这种"粉碎结果"。

他们发现本身不稳定的铀原子在中子束的强烈轰击下会分裂成两个碎片，其中一个碎片是钡原子核，另一个可能是氪原子核。这一实验过程释放的能量是其他任何已知核反应产生能量的数百倍。正如我们将在下一章中看到的那样，这种全新的核转化方式让我们看到了亚原子能实际应用的希望。

第四章　亚原子能可以被利用吗？

能量与黄金

在上文我们了解到，过去几十年物理学的进步实现了中世纪炼金术士的黄金梦，并为人工转化元素提供了坚实的科学基础。但是，炼金术士们只对贱金属转变为珍贵的黄金感兴趣，而我们现在关注的是能量，并不是黄金。实际上，在核反应中可能释放出的巨大能量，将使黄金或从这种转化中获得的其他任何金属变得不再那么珍贵。

例如，锂原子被质子撞击后分裂（见图20），会释放 2.8×10^{-5} 尔格的能量。因此，1克锂如果完全通过质子轰击转化为氦，将释放出 2.5×10^{18} 尔格的能量，按照目前的能源价格计算，这些能量价值7500美元。如果在释放能量的过程中形成了黄金或白银，这黄金或白银也只占"总利润"的一小部分——1克黄金的成本约为1美元——没有人会对它感兴趣。另一方面，如果将隐藏在原子核深处的亚原子能实际利用，将会使现代技术和生活发生翻天覆地的变化！

亚原子能的低释放率

然而，现在预测开发亚原子能可能带来的技术变革和经济效益还为时过早。当然，能量肯定是存在的，但是正如我们在前几章中所了解的，无论是在自发转变过程中还是在人工转变过程中，其释放速度都是极慢的，甚至需要非常敏感的物理装置才能检测到。我们可以将亚原子能的"核能库"比作一个巨大的高架湖，湖水以每周一滴的速度从一个小孔中渗漏。在这里安装一个大型水轮机毫无意义，除非设法开出更宽的通道让水泄出。

拓宽亚原子能的通道是否可行？要了解这些，我们必须更详细地讨论影响核转变速度的各种因素。

带电粒子撞击原子核的概率

假设我们发射一个粒子子弹，比如一个经过人工加速的具有极高能量的质子或 α 粒子，使其轰击某种物质的原子核。那么，我们的子弹击中物质中一个原子的原子核的概率是多少？我们知道，原子核的直径大约是原子本身直径的万分之一，所以原子核的靶面积只有整个原子的靶面积的一亿分之一（直径比的平方）。由于我们无法将子弹瞄准原子核的靶位，所以入射粒子必须穿透平均1亿个原子才能击中原子核。但是子弹穿过这么多原子会因与轨道中的电子相互作用而损耗能量[①]，导致速度稳定下降，所以大多数情况下，还没有接触到原子核就停止了。

事实上，经典裂变实验中使用的 α 粒子和现代高压发生器中产生的质子，在穿过10万个原子之后就停止了。因此，任何子弹在失去其全部能量之前击中原子核的概率只有1/1000；换句话说，在射入物质的1000枚这样的子弹中，只有1枚可能命中。因为原子核被厚厚的原子电子包裹，所以我们对原子核的轰击，就像试图用机关枪向藏在一堆沙袋里的核桃射击一样。

显然，击中一个原子核可以释放超出撞击能量好几倍的亚原子能，但其释放的总能量远远无法弥补浪费的上千个没有命中的子弹所用的能量。当然，增加用于轰击的粒子的原始能量，我们就可以增加其穿透的原子数量。但是据观察，即使是某些宇宙射线中具有数十亿伏特巨大能量的粒子，在转换时想要使总能量达到平衡也是相当困难的。

应该注意的是，任何试图"剥去电子核的壳"去轰击一组

[①] 这种相互作用，导致沿着轨道的原子电离，这也是云室中可见轨迹形成的原因。

"裸核"的想法都不应该被贴上有远见的标签。事实上，失去了能中和电荷的电子壳层的原子核，会强烈地互相排斥。若把这种去电子物质聚集在一立方厘米内，需要数十亿的大气压。这个大气压几乎相当于月球放在地球表面所产生的压力，显然，我们无论如何也无法获得这样的大气压。

穿透核堡垒

现在，我们来考虑一下"幸运"子弹的情况，上文提到它在经过"原子内摩擦"还未失去所有能量之前，碰巧击中了一个原子核。那么，它是否能穿透原子核并产生必要的核转变呢？答案还是否定的。因为原子核的防御能力很强，可以抵御外界带电粒子的入侵。随着子弹接近原子核边界，原子核电荷与子弹电荷之间的斥力会变得越来越强，可能会将入射粒子弹走，产生散射现象。因此，那些直接击中原子核的入射粒子中，只有极小一部分能够穿过这个斥力屏障，进入原子核内部。

用经典力学来解答轰击粒子穿透原子核周围壁垒的过程异常困难，就像上一章节谈到的 α 粒子的"渗漏"一样，可能用现代量子理论才能解答这些问题。作者在1928年进行的量子力学计算得出了一个相当简单的公式，可以计算穿透核内部的子弹比例，该比例可以用被轰击的原子核的电荷和所使用子弹的电荷、质量和能量来表示。

这个公式表明，穿透概率随着被轰击元素原子序数（原子核电荷）的增加而迅速降低。这就解释了为什么在α粒子和质子的轰击下，只有最轻的元素会裂变。另一方面，轰击效率随着子弹能量的增加而迅速提高，当子弹能量足够高时（锂为2500万伏特，铁为5000万伏特，铅为1亿伏特），几乎任何直接击中都会引发裂变。

共振解体

必须指出的是，这种百分之百的穿透有时也能在轰击粒子能量相当低的情况下发生。这种情形发生在原子核周围壁垒具有共振频率这一"弱点"的情况下。格尼（Gurney）指出，在核轰击过程中，如果入射粒子的能量与被轰击原子核内部的一个谐波振动所对应的能量完全相等，则入射粒子对壁垒的穿透就会容易得多。被撞击的原子核产生的这些谐波振动与用锤子敲钟或音叉产生的振动一样，因为这一现象与普通力学中的共振现象相似，所以被称为核共振。在共振现象中，振动体在一定的时间内受到连续撞击，其振幅会迅速增加。

对各种核反应的研究表明，许多原子核都拥有这样的"共振频率"，如果用具有适当能量的粒子对其进行轰击，则其更容易裂变。在许多情况下，使用"共振轰击"可使裂变概率增加数百倍乃至数千倍；但是别忘了，所有这些利用极高能量或特别选定的"共振值"提升裂变概率的做法，只适用于 λ 射粒子正面碰撞并进入原子核。这种碰撞的概率仍然只有千分之一，这使得总效率无论如何都非常低。

综上所述，用快速移动的带电粒子进行轰击从而引发核转化的效率非常低；也就是说，虽然从纯科学的角度来看，这一观点非常有趣，但几乎没有任何实际意义。

中子轰击

与带电的核子弹相比，中子才是进行核轰击的理想粒子。首先，由于中子完全没有电荷，可以穿透原子的电子保护层而不损失任何能量（众所周知，中子在云室中不会留下任何可见轨迹）；其次，当中子最终与原子核相撞时，它们不会被任何电场的排斥力阻止。因此，理论上每一个射入厚厚物质层的中子，迟早都会在其路径上发现一个原子核，并穿透它。

但正是由于中子的这种穿透性，导致其很容易被原子核获取，[①]因此自由中子在自然界极其少见，也就不存在"中性元

---

① 上一章中提到，中子进入原子核后，通常会停留在原子核中，在其位置上喷射出一个质子或一个 α 粒子，或者最终通过 γ 射线释放出额外的能量。

素"了。还应该注意的是，自由中子的存在时间甚至不会超过半小时，因为它本质上不稳定，会很快释放一个自由负电荷（一个普通的电子），将自己转化为质子（见图23）。

因此，为了获得用于轰击的中子束，我们必须从普通原子核的内部提取中子，而这种操作只能通过质子或α粒子轰击普通原子核来完成。但是，为了获得能够将中子从原子核中轰击出来的质子或α粒子，又需要成千上万的入射带电粒子，于是，我们又回到了最初的难题。

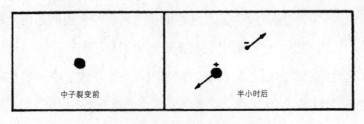

中子裂变前　　　　　　　半小时后

图23 自由中子自然分解成质子和电子

倍增核反应

上述讨论解释了为什么利用中子轰击获得实际结果的唯一希望，是发现中子自我倍增的核反应。如果每个入射中子都能从被轰击原子核中轰出两个或更多的"新中子"，如果这些新中子又能够继续与其他原子核碰撞而产生更多的中子，那么发生作用的中子数量将会呈几何级数增加（见图24），这样一

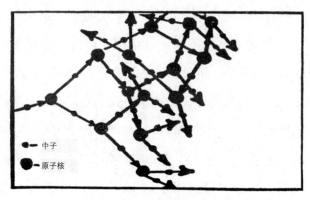

图 24 中子轰击物质的可能倍增衰变

来，我们的问题就解决了。这种情况与人类的繁殖问题极为相似：只有平均每个家庭出生的婴儿数量不少于两个，人口总量才有可能增长。所以核倍增过程要求每一个与入射中子发生碰撞而"受精"的原子核，必须释放不少于两个中子。

直到1939年，人们还普遍认为这种倍增过程在自然界中并不常见，而核反应是一种严格的一对一关系，即一个粒子进入就会有一个粒子被射出。然而，如上章所述，哈恩（Hahn）和迈特纳（Meitner）进行的用中子轰击铀和钍的实验表明，这些元素的原子核比其他任何元素的原子核都要易碎。当受到中子撞击时，这些元素的原子核容易分裂成两个较大的部分和一些以两个、三个，甚至四个中子形式存在的较小核碎片。在这里，我们一直在寻求的倍增过程确实发生了；对这些核反应的恰当处理，或许可以引导我们找到大规模释放亚原子能的方法。

然而，两个问题马上随之而来，第一个问题是：当一块铀在我们的实验室受到中子轰击时，为什么没有立即爆炸，毁掉实验人员以及数百英里内的所有生物？因为从理论上讲，这种倍增反应一旦开始，就会产生可怕的爆炸，即所有储存在铀原子中的巨大能量（每克10^{18}尔格，等于一吨炸药的爆炸能量）在瞬间爆发。

这个重要问题的答案是，首先，我们实验室里的普通铀是"湿的"——当然，这不是普通意义上的湿，而是其活性成分与大量的惰性物质混合（类似于一块木头被水浸透），这些惰性物质吸收了大部分新生成的中子，使它们失去活性，无法参与新的反应。已知普通铀中含有原子量分别为238和235的两种同位素U_I和U_{II}（见图16）。轻同位素U_{II}在混合物中仅占0.7%，但可以肯定的是，从以往的观测结果来看，这种同位素是导致分裂和密集释放中子的主要原因。占混合物99.3%的重同位素U_I也能捕获入射中子，但其并不会分裂并释放高能量，而是留下入射中子，并以硬γ辐射的形式释放多余能量。因此，只有极少数中子能参与实际的倍增过程；如果想要获得明显的倍增过程，我们必须把活性较强的轻同位素从较重的同位素中分离出来。就目前物理实验的方法而言，这项任务虽然不是不可能，但却相当困难。现代同位素分离技术需要大量的连续漫射来逐渐增加轻同位素在被漫射物中的浓度。①

许多实验室正在研究分离铀同位素，可能很快就会得出非常有趣的结果。②但是，我们根本不必担心，在某个晴朗的日子，最先成功获得高度浓缩U$_\text{II}$同位素的实验室，会和它所在的城市一起沸腾起来。因为随着轻铀同位素浓度的稳步增加，亚原子能量的释放也会相应缓慢增加；而且，在释放的热量过高而存在安全隐患时，分离过程会及时停止，以避免任何爆炸的发生。③至少，我们希望会是这样。

铀中的中子自我倍增过程第二个重要因素是所需铀的量。一小块铀生成的大部分中子会在可能撞击原子核之前就从铀块表面逸出，然后倍增过程就会停止。就像一个小部落的年轻成员如果不断在周围的森林中消失，那么这个部落就无法成长壮大。由于没有壁垒来防止中子逃逸到周围空间，所以使用的铀块要足够大，才能确保在其内部生成足够多的中子，这样部分中子才会在逃逸前与原子核相撞。但是，这需要几百千克以单

---

① 多孔壁的漫射速度主要取决于不同的原子重量，轻同位素通过的速度更快。然而，由于这两种铀同位素的相对原子重量相差很小，在这种情况下，铀的分离肯定会非常缓慢。

② 1940年3月15日，德尔斯·阿尼尔、E.T.布思、J.R.邓宁和A.V.格罗斯宣布成功分离了铀的较轻同位素，但量极小（0.000000001克）。

③ 这是自然现象，因为反应中产生的极高温度会融化所有进行同位素分离的容器。应该注意的是，核爆炸过程并不需要一个特殊的中子源来启动。事实上，会有大量中子偶尔经过（例如宇宙射线中的中子），因此随时可能产生"火花"。

独同位素形式存在的纯铀235，这可不是轻易能获得的。

铀能价格

假设这两个阻碍铀的亚原子能投入实际应用的难题——大规模同位素的分离和活性中子的保留——被技术天才攻克，并且找到了用"铀燃料"来运行发动机的方法，那么铀能的价格会是多少？

铀不是一种廉价的材料，根据目前的市场价格，一磅[①]含有95%纯铀的氧化铀，价格约为2美元，相当于煤矿里一吨煤的价格。由于只有0.7%的铀在中子倍增过程中是活跃的，所以一磅氧化铀在这个过程中释放的总亚原子能量将达3×10^{18}尔格。另一方面，与一磅氧化铀同等价值的煤（约90万克），却只能释放3×10^{17}尔格的能量，因此，从铀中获得的亚原子能量的价格应该是煤的1/10左右。

然而，应该补充的是，如果用铀完全取代煤作为能源，按照目前的消耗速度，我们星球上的铀矿储藏量不到100年就会全部耗尽。

---

① 一磅约为 453.59237 克。

概述：原子结构

现在，让我们最后一次深入物质深处，简要回顾我们在前三章中得出的主要结论。首先，我们发现，从日常经验来看，质地均匀的物质，事实上却是由极小的颗粒——科学家们称之为分子——构成的。没有显微镜能使人们看见这些组成物质的粒子。为了证明它们的存在并研究它们的特性，需要非常复杂和巧妙的现代物理学方法。

例如，在每立方英寸①水中大约有6×10^{23}个H_2O分子，它们都因剧烈且无序的热运动而不断移动，就像钓鱼者篮子里刚钓上来的鱼。随着物质变冷，这种分子运动逐渐放缓，但需要低至$-459\,°F$，这些不安分的粒子才能完全静止。反过来，温度升高使分子的运动速度越来越快，最终导致分子相互分离，形成我们所知道的气体或蒸汽。这时每个粒子都能在空间中自由移动，并与其他粒子频繁发生碰撞。

分子的种类和化学物质的种类一样多，但是如果我们更仔细地研究任何给定的分子就会发现，它总是由数量有限的更小的粒子组成，这些粒子被称为原子。目前世界上已知的有92种原子，对应着92种纯化学元素。这些原子通过不同形式组合，

①　1立方英寸约为16.387立方厘米。

形成了我们熟悉的无数复杂化合物质。我们把原子在不同复杂分子中的重新分配组合称为特定的化学反应，也就是一种复杂化学物质转化成另一种复杂化学物质。但是，尽管中世纪的炼金术士们做了种种尝试，原子本身却固执地拒绝相互转化，这让化学家们错误地认为原子是不可分割的基本粒子，正如其名称的希腊语含义所表示的那样。

然而，物理学的发展动摇了这一盛行于整个19世纪科学界的观点。我们现在知道，原子实际上是一个相当复杂的力学系统，由中心原子核和一群在电作用下围绕该核旋转的电子构成。然而，这些原子核又被认为是不可分割的。但是这个德谟克利特观点中最后的堡垒，也在物质研究者纳尔逊·卢瑟福勋爵的攻击下沦陷了。

1919年，卢瑟福首次用小粒子（α粒子）击破了氮原子核。之后20年，核物理学得到巨大发展，科学家们进行了几十次核反应实验并对此做了详细研究。因此，我们现在对原子核的了解比几十年前对原子的了解还要多。

核反应区别于分子间普通化学反应的两个最重要的事实是：第一，前者反应过程中会释放大量亚原子能量；第二，同时大规模进行这些反应非常困难。事实上，由于单个原子核周围都包裹着厚厚的电子壳层，用于轰击的子弹中只有一小部分能直接击中原子核。而在成千上万个击中目标的子弹中，可能只有一个会真正产生我们期望的核转化。的确，近年来，中子的发现以及与这种新型粒子有关的倍增反应给我们带来了希望，使我们有可能在技术上利用隐藏在原子内部且储量巨大的亚原子能量。但到目前为止，这也只是希望。

因为，虽然对铀核和钍核的特殊分裂特性的研究使我们极有可能解决这个问题，但我们发现这两种元素非常不稳定，而且在世界上存量极少。如何释放其他更普通元素的核能，这个基本问题仍然悬而未决。

然而，在后面的章节中（不耐烦的读者终于可以看到我们要回到太阳这个主题了），我们将看到，即使在人为加速的子弹最猛烈的轰击下，仍然顽固地保留其隐藏能量的普通元素，在我们地球实验室实际无法达到的高温下，却会自发地进行大规模的转化。我们还将看到，这些转化就是我们太阳的光和热和所有恒星的能量辐射产生的原因。

第五章　太阳的点金术

亚原子能及太阳热能

核转化过程中可以释放大量能量，这一发现为我们解开有关太阳辐射源的古老谜题提供了一把钥匙。事实上，我们已经提到，导致一种元素转化为另一种元素的核反应通常伴随着能量的释放，其能量释放量是分子间普通化学反应释放能量的数百万倍。因此，若靠煤提供能量，太阳在五六十个世纪内就会完全燃烧殆尽，但若由亚原子能提供能量，太阳却可以数十亿年强盛不衰。

不过，我们也知道，普通的放射性元素，如铀或钍，存量很少，并不足以成为太阳巨大能量的来源①；唯一的可能是，我们观测到的能量一定是由稳定的普通元素发生诱发性转化时产生的。因此，我们必须将太阳内部想象成某种巨大的天然炼金术实验室，那里就像我们地球上的实验室，各种元素互相转化

---

① 然而，这些元素产生的热量足以使地球内部保持炽热的熔岩状态。

非常容易。

那么，这个宇宙能量工厂发生如此大规模的核转化现象，释放如此巨大的亚原子能量，它的特殊设备是什么呢？如果我们还记得第一章中关于太阳内部物理条件的论述，我们马上就会想到，这些区域最显著的特点是它们温度极高，这种高温在我们地球实验室条件下根本无法达到。难道是高温导致了太阳内部发生高速率的核转化吗？我们知道，所有分子间的普通化学反应都会因加热而明显加速，如果一根木头或一块煤在普通火炉内加热到几百摄氏度就会开始燃烧，那么我们为什么不能认为太阳内部物质加热到数亿摄氏度就会开始核反应形式的"燃烧"呢？

热核反应

这个问题最早是由两位年轻的科学家罗伯特·阿特金森（Robert Atkinson）和弗里茨·豪特曼斯（Fritz Houtermans）在1929年解答。他们认为，在太阳内部达到非常高的温度时，热运动的动能会变得非常大，促使不规则运动的物质粒子剧烈地相互撞击，这种撞击对原子核的破坏性不亚于普通轰击实验中粒子子弹的作用。事实上，在2000万℃的高温下，热运动的平均动能为5×10^{-9}尔格，与我们实验室实际观测到的人为元素转化的10^{-8}尔格的能量值相差不大。但是，如果将普通的轰击方法比作一排士兵用刺刀攻击一大群人，那么热核过程则更像一群高度兴奋和争吵的人在进行一场激烈的肉搏战。

应该注意的是，在引发热核反应的极高温下，物质不再由普通意义上的原子和分子组成。因为在远低于这个温度的高温条件下，各个原子的电子壳已经因相互热撞击而完全剥离；此时的物质由不规则运动的裸核（完全电离的原子）和核间自由运动的电子组成（见图25）。失去电子外壳保护的"裸核"将没有任何缓冲地直接受到热撞击，而剧烈的撞击往往会导致毁灭性的后果。

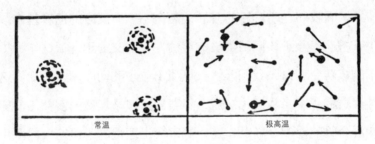

图25 气体的热电离

热撞击的持久性使得热核反应远比普通轰击过程更加有效。在普通轰击过程中，人工加速的子弹在穿过被轰击物质中的十几万个原子后，初始能量会完全丧失。例如，如果我们把氢和锂的混合物加热到足够高的温度，这两种元素的粒子就会不停地进行剧烈的热撞击，直到所有可用的原子核都转化成氦才会停止。该过程释放的亚原子能量将能为我们的反应物质提供足够的热量以确保撞击持续进行。所以，我们要做的就是提高混合物的温度，以促使反应开始。

热核反应所需的温度

为了研究不同元素间的热核反应对太阳寿命的重要性——如果我们还想讨论这些相同的反应过程在地球上实际应用的可能性——我们必须要先知道这些剧烈的热核反应发生的温度是多少。

如同我们之前讨论的普通核轰击，热核反应的速度基本取决于被碰撞原子核周围壁垒的穿透性。前文提到，根据作者提出的核转变理论，我们能够根据撞击粒子的动能和电荷计算这种穿透的概率。我们也知道，随着碰撞粒子能量的增加（例如使混合物的温度升高），这一概率会迅速提高；但这一概率也会随着电荷的增加而迅速下降。

因此，在加热含有不同类型原子核的混合物时，我们首先看到的应该是最轻核之间的反应，因为他们携带的电荷最小。所以上述氢和锂之间的反应会是最先发生的反应之一。随着混合物温度的进一步升高，我们应该会看到热中子更有效地穿透较重的原子核，也会看到 α 粒子和最轻元素之间开始发生反应。最后，在更高的温度下，重核之间的碰撞就变成了主要反应。

然而，想要根据这个穿透公式计算任意两种给定类型的原子核之间的热核反应速率，仅知道粒子在给定温度下的平均动能是不够的。正如我们在第二章中提到的，热气体的粒子并非全部以相同的速度运动，而是呈现出相当广泛的速度分布，即麦克斯韦分布。当然，拥有异常巨大能量的粒子数量的确较少，但我们不要忘记，撞击的概率会随着碰撞能量的增加而迅速提高。因此，这些高能粒子虽少，但对总核变的平衡具有重要意义。

在图26中，曲线A代表了我们熟悉的热运动的麦克斯韦能量分布（对比图6），给出了不同能量值的气体粒子的相对数量（E）。另一方面，曲线B代表了与这些能量相对应的粒子的裂变能力（核壁垒的穿透性）。最后，这两条曲线得出的结果A×B，表示总的裂变效应（粒子数乘以它们的相对穿透能力）。我们立刻会看到，最大效应对应于一个中间的能量值，其粒子的数目还不算太少，但其已经具有足够大的穿透核壁垒的能力。

因此，将麦克斯韦分布规律与作者的穿透性公式相结合，阿特金森和豪特曼斯成功得到一个裂变速率受混合物温度和射入元素的原子序数影响的表达式。[1]我们这里就不列他们太过学术性的数学公式了，这会使读者望而却步，我们在此只给出这些公式在典型核反应中的应用数值结果。[2]

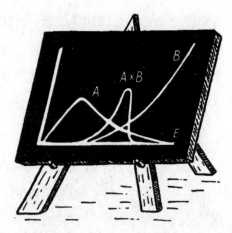

图 26 粒子的数目（A）还不算太少时，粒子的壁垒穿透性
（B）已经足够高，此时裂变效应（A×B）最大。

我们以氢和锂之间的反应为例，这个反应是最有效的反应之一，已经被提到过多次了。这个反应速率很高，而且每个原子核释放的能量也很高。1克由7份锂和1份氢组成的混合物，如果完全转化成氦，将产生2.2×10^{18}尔格的亚原子能量。但是，即使在几千摄氏度的高温下（这是我们实验室所能达到的最高温度），热核反应仍然进行得很慢，需要几十亿年的时间才可

---

① 能量产生的速度与反应物质密度成正比。

② 这里给出的数值结果实际上不是根据阿特金森和豪特曼斯给出的原公式计算的，而是基于一个根据核物理的最新发展加以修正的新公式计算的。

能完成整个转化。以如此缓慢的速度，1吨这种混合物100年只能释放几尔格能量，甚至不够把一只死苍蝇从地板上捡到桌子上所需的能量。然而，当温度达到100万℃时，几磅氢锂混合物所产生的能量就足以驱动一辆汽车。最后，在太阳中心2000万℃的温度下，氢和锂只需几秒钟就转化为氦，而且还会通过可怕的爆炸形式释放能量。

然而，如果我们将同样的公式应用于质子与重元素原子核的撞击就会发现，即使在太阳中心的温度下，举例来说，氢和氯之间的反应也需要10^{25}年才能转化50%的混合物，而质子穿入重铅原子核所需的时间长得令人难以置信——不少于10^{250}年！我们还发现，在这种温度下，即使是与最轻的原子核发生碰击，热α粒子的穿透率也是小得微不足道，只有当温度达到5000万℃以上时，这种穿透性才得以显现。

如何制造"亚原子发动机"

"太好了！"读者可能已经感叹道，"接着，我们所要做的就是给蒸汽机的炉子装上锂氢混合物，并把它加热到几百万摄氏度。这有那么难吗？"（见图27）

当然，找一台旧蒸汽机做这样的实验并不难，获得必要的核燃料也不是很难，因为固体锂氢化合物几乎可以在任何药店购买，但是几百万摄氏度的温度呢？任何化学反应，比如煤的燃烧，都不可能达到如此高的温度。如果我们试图用电加热炉子，电线——即使是用最好的耐火材料制成——在温度还没达到几千摄氏度时就会熔化（甚至蒸发）。炉壁也是这样，我们没有办法让反应气体停留在一个固定的体积内。炉壁熔化会使热气体立即膨胀扩散，温度也必然因此下降。

因为早在温度可能上升到所需的值之前，所有这些不利事情就已经发生，所以很难在实验室条件下看到热核反应进行下去。至少，现代技术无法创造这一奇迹。

图 27 理想的亚原子发动机。然而，没有任何物质经得起这样的高温。

太阳能炉

如果我们试图在家里建造一个热核反应炉，无疑是非常困难的，但这些看似无法克服的困难对太阳来说却是不存在的，因为太阳本身就是一个巨大的熔炉。这个宇宙熔炉的"气态壁"——也就是太阳的外层——在引力的作用下维系在一起（见图28）。

气态壁

图 28 太阳——亚原子发生器，气态壁在引力作用下维系在一起。

引力还提供了一种必要的机制，即使温度从原始值提升到热核反应需要的温度值。我们在第一章中了解到，太阳最初是一个相对较冷且质量很大的巨大气体团，由于重力作用不断收缩，温度也越来越高。当收缩的太阳的中心温度高到足以维持核反应时，太阳因为亚原子能量的释放而停止进一步收缩，然后就进入了目前的稳定状态。

我们还应该注意到，太阳的外层为其内部能量的释放提供了一种理想的调节机制。如果由于某种原因太阳中心区域的热核反应速率下降，那么整个太阳就会立即开始收缩，使温度不断升高，这将使能量释放迅速恢复到原来的状态。另一方面，如果太阳中心产生的能量超过"警戒线"，太阳就会膨胀，从而降低中心温度。

从这个意义上来说，我们的太阳是最巧妙或许也是唯一的"核动力机器"。

太阳能反应

我们现在已经了解到，在太阳内部的温度条件下，质子与各种轻元素原子核之间以足够快的速度进行热核反应，以生产必要的能量。根据爱丁顿（Eddington）提出的太阳构成理论，我们已经了解到太阳含有相当多（约35%）的氢，现在我们还需要找到其他参与反应的元素。要找到这些元素，我们必须计算出可能发生的多种核反应的能量产生率，并将其与实际观测到的太阳辐射进行比较。

例如，氢和锂的反应显然太快，因此不可能是主要的能量生成反应。正如我们所见，在2000万℃的高温下，锂和氢转化为氦只需几秒钟，因此，如果太阳中心区域有大量的锂，其所有亚原子能量就会以可怕的爆炸形式释放，并将太阳炸成碎片。所以，我们推断，太阳内部不可能含有大量的锂，正如我们所知，缓慢燃烧的炮筒肯定不含任何火药。[①]

另一方面，质子和氧原子核反应释放热核能量的速度又太慢，也不可能是太阳辐射的主要来源。

"但是，要找到与过去的太阳完全相符的热核反应应该不是很难。"汉斯·贝特博士（Dr.Hans Bethe）认为。彼时（1938年）他刚参加完华盛顿理论物理会议正乘火车回康奈尔，他在那次会议上第一次了解到核反应对太阳能量产生的重要性。"我一定能在晚饭前弄明白！"他拿出一张纸，开始在上面写一条条公式和数字，这无疑使与他同行的乘客感到吃惊。

他从为太阳提供生命供应的候选名单上排除了一个又一个的核反应。太阳完全没有意识到它所带来的麻烦，慢慢地沉入地平线。这时这个问题仍然没有得到解决，但汉斯·贝特可不是那种因为一些难题就错过一顿美餐的人，他加倍努力，终于在路过的餐车乘务员通知吃饭的那一刻，找到了正确的答案。

[①] 然而光谱证据表明，在太阳大气相对较冷的区域存在一定量的锂。由于这种元素不可能存在于太阳炙热的内部，我们认为它仅存在于外层（比较第七章）。

与此同时，德国的卡尔·范·魏茨泽克博士（Dr.Carl von Weizsacker）也提出了相同的太阳热核反应过程，他也是第一个认识到循环核反应对太阳能生成重要性的人。

人们发现，太阳的能量主要来源于热核反应，但并不局限于单一的核转化，而是由一系列相互联系的核转化组成，也就是我们所说的反应链。这一系列反应最有趣的一个特征是：它是一条封闭的循环链，每走六步就会回到起点。从这条太阳能量反应链中我们可以看出，这一系列反应的主要参与者是碳原子核和氮原子核，以及与之撞击的热质子（见图29）。

首先，普通碳（C^{12}）与质子撞击产生氮的较轻同位素（N^{13}），并以 γ 射线形式释放一些亚原子能量。这种特殊的反应为核物理学家所熟知，而且已在实验室条件下利用人工加速的高能质子成功进行了试验。N^{13}的原子核不稳定，它通过释放一个正电子或正 β 粒子进行自我调整，变为核稳定的重碳同位素（C^{13}），而我们知道这种少量的重碳同位素存在于普通的煤中。由于受到其他热质子的撞击，这个重碳同位素又转化为普通氮（N^{14}），并释放强烈的 γ 辐射。

现在，N^{14}的原子核（也是我们介绍的这个循环的起点）与第三个热质子撞击，产生不稳定的氧同位素（O^{15}），这个氧同位素释放一个正电子后迅速转化成稳定的N^{15}。最后，N^{15}在其内部接收到射入的第四个质子之后，分裂成两个不相等的部

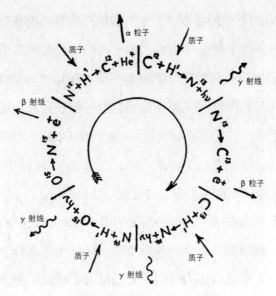

图 29 使太阳能量产生的循环连锁核反应

分：一个是我们循环开始时的C^{12}原子核，另一个是氦原子核或 α 粒子。

由此我们看到，在循环反应链中，碳和氮的原子核永远可以再生，而且发挥着化学家所说的催化剂的作用。反应链的最终结果，是先后进入循环的四个质子形成一个氦核，因此，我们可以将整个反应过程理解为：在高温条件下，由碳和氮催化引起的氢转化为氦的过程。

我们应该清楚的是，如果有足够的氢存在，循环的速度将主要取决于太阳物质中碳（或氮）的比例。根据天体物理研究的证据，太阳物质中有1%的碳。基于这一数据，贝特就能够证明，在2000万℃的温度下，他所说的反应链的能量释放正好与太阳辐射的实际能量相吻合。由于所有其他可能的反应得到的数据结果都与天体物理学的证据不符，所以可以肯定碳–氮循环反应就是太阳能的主要来源。这里还应该注意，在太阳中心温度的条件下，完成图29所示的整个循环反应大约需要500万年的时间，所以在每个周期结束时，最初参与反应的每一个碳（或氮）原子核都会再生，并如同开始那样进入下一轮反应。

考虑到碳在这一过程中所起的基本作用，太阳的热量来源于煤这一原始观点还是有些道理的。只是现在我们已经知道，这个"煤"不是真正的燃料，而是扮演了传说中的"凤凰"的角色。

太阳的演进

随着氢气"燃料"的缓慢消耗，太阳内部可能会发生什么变化？乍一看，这似乎会不可避免地导致生成的能量逐渐减少，太阳随时都在变冷、变暗。然而，作者的研究表明，情况并非如此，事实上，太阳的光度甚至会稳步增加。

因为热核转化的速率不仅取决于反应元素的数量（在我们的例子中是氢），还取决于引起反应的温度。我们假设太阳"燃料"总量的减少会导致温度升高，那么最后剩下的那部分燃料就会比"炉子"里燃料加满时燃烧得更亮，释放的热量更多。我们画出了这类设备（见图30），其中与普通煤炉相连的鼓风机的开口直对着装煤的炉排，煤炭重量越少，鼓风管的开口处就越宽敞，产生的通风量就越大，火也就燃烧得越猛烈。

太阳炉中也存在类似的调节机制，不同的是，它是由构成太阳体的物质的传导性决定的。在太阳内部，由于氢的消耗形成了氦，氦不像原来的氢[①]传导性那么强，所以热核反应中释放出的能量要传导到太阳表面就不容易。氢转化成的氦越多，周围大气的传导性就越差，由此产生的能量在太阳中心区域积累，导致温度相应上升，能量产生率也随之提高。

鼓风机

图30 煤越少烧得越旺的炉子

---

① 在地球条件下，氦气和氢气几乎都是透明的，但在太阳内部高密度和高温的条件下，氦的不透明度是氢的数倍，由大量氦气累积形成的厚厚的气体层能有效地吸收太阳辐射。

作者依照普遍认可的太阳内部构成理论进行的计算表明，太阳辐射必然随着时间推移逐渐增大，当氢含量接近于零时，太阳辐射会增加100倍。这些计算还表明，随着氢含量的降低，太阳的半径必然先增加几个百分点，然后开始慢慢缩小。

我们可以将这些结果展示出来，其中太阳未来状态的光度和半径用对数刻度表示（见图31）。根据此图我们发现，太阳能生成问题的新发展让我们得出了与经典理论完全相反的结论：地球上的生命不会因为太阳活动的减少而被冻死，反而注

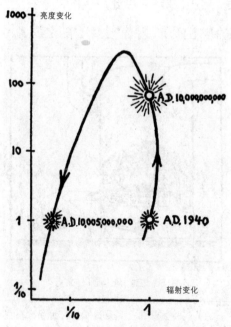

图 31 太阳的演化，经过一个光度极高的时期后，太阳开始迅速收缩，光发射也随之下降。

定要被燃烧殆尽，因为太阳在其正常演化的末期会产生巨大的热量。太阳辐射增加100倍会使地球表面温度远远高于水的沸点，尽管在这个温度下形成地壳的坚固岩石可能还没有熔化，但海水肯定会沸腾。

很难想象在这样的条件下，地球上还能有什么生物存活下来。但在未来的几十亿年间，技术的进步或许可以帮助我们逃离不利的环境，比如人类可能会挖掘出安全通风的地下空间，甚至可能把地球上的所有人都运送到银河系中某个温度不那么高的遥远的星球上。此外，我们别忘了，太阳辐射的变化极为缓慢。太阳活动的增加只能极为缓慢地使地球表面的平均温度升高，在整个地质时期，太阳损失了1%左右的氢含量也只让地球温度上升了几摄氏度。因此，太阳中的热核反应过程不会让宇宙灾难突然爆发（见第九章），而是一种可以及时预见的情况，并有可能通过移居海王星或其他行星得以避免。

然而，气温的缓慢上升很可能导致生物的进化发生改变，使得陆地上的生命逐渐适应高温环境。但是，因为没有高级生命体能够在沸水中生存，随着环境变得越来越恶劣，生物物种很可能会开始退化。因此，在气温达到实在难以忍受之前，高等物种很可能已经灭绝，只有最简单、最稳定的微生物才能"看到"走到生命尽头的太阳最后的辐射。

太阳的未来如何呢？

正如我们在前面章节中所提到的，我们有可能制造出燃料消耗少但生成热量多的加热器，但没有任何一种机制无需燃料就能提供热量。毫无疑问，一旦太阳耗尽最后的氢燃料，它就再也没有任何亚原子能量来源了。失去维持自身活动100亿年的能量来源后，太阳将被迫倒退回长久不受待见的早期能源生成机制。

太阳将再次开始收缩。但是，正如我们所看到的，相比于核反应所提供的巨大能量，重力几乎没有什么作用，经历过依靠亚原子能源获得的辉煌生命之后，失去能量来源的太阳将快速收缩。从那时起，我们太阳的体积将迅速缩小，之后光度也会迅速减弱——在这里，迅速当然是指几百万年后①——它的辐射会越来越少，直到最后再也没有能量。太阳演化的最后阶段我们将在下一章中进行更详细地讨论。

①　如图31所示，在太阳演化轨迹的下降部分，其半径也将比现阶段小得多。

第六章　星宇中的太阳

恒星有多亮？

在童年时代，许多人也许认为星星只是挂在我们头顶蓝色天空中的银色小灯笼。作者在研究恒星辐射源的过程中，每遇到看似无法克服的困难时，都会想起这个古老而简单的假设。但遗憾的是，作者不能不怀疑这个古老理论是错误的，因为与我们的太阳一样，恒星实际上也是极热气体组成的巨大气团。它们距离我们极远，所以看起来又小又暗。但天文观测使我们能够估算出它们的星际距离，并能将不同恒星的实际（或绝对）光度与太阳的光度进行比较。

我们以大犬座明亮的"眼睛"为例。古代天文学家用动物或神话人物的名称来区分不同的明亮恒星组合，大犬座就是由此而来。虽然在我们这些凡夫俗子看来，组成这个特殊星座的恒星组合（见图32）的形状与任何已知品种的狗或其他动物几乎没有什么相似之处，但我们还是要尊重传统。这只大犬的眼睛是天空中我们可以看到的最明亮的恒星，名为天狼星（Sirius）。天文学家告诉我们，它与我们的距离大约是太阳与我们距离的50万倍！如果天狼星与我们的距离和太阳与我们的距离一样，那么天狼星给我们的光和热将是太阳的40倍。

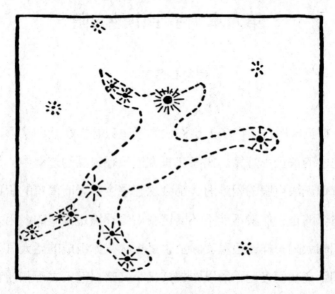

图32 大犬座

此外，还有很多更明亮的恒星，例如天鹅座的Y星，[1]它比我们的太阳亮3万倍，但由于距离太远，几乎看不到。当然，也不乏暗得多的恒星，例如克鲁格60B[2]（并非所有恒星都有像天狼星这样霸气的名字），其绝对光度（或总辐射）仅为太阳

---

① 位于天鹅星座中。

② 在克鲁格（Krueger）的目录中登记的第60颗星的B部分。

的1/1000。如果我们把太阳的光度与其他所有已知恒星进行比较就会发现，太阳的光度大概排在中间位置，从这个意义上来说，太阳就是一颗典型的普通恒星。

恒星的颜色和光谱类别

我们研究恒星的物理性质，不仅要知道它们的绝对光度，而且要知道其发射光的光谱组成，这点非常重要，因为它能帮助我们确定这些遥远天体的表面温度。我们在第一章中了解到，太阳的表面温度可以根据从太阳表面每单位面积释放的辐射量来估算。然而，对于大多数恒星来说，我们无法直接测量它们的表面积，因为它们距离我们太远了，即使是用最大倍数的望远镜，它们看起来也像无量纲的发光点。[①]

幸运的是，恒星释放的辐射还有许多其他特点，即使我们不知道它们的表面亮度，这些特性也能帮助我们估算恒星的温度。我们知道，所有的物体在被不断加热时，都会首先发出一种红色的辐射，随着温度的升高，这种辐射先是变成淡黄色，然后变成淡白色，最后变成淡蓝色。这些辐射的颜色之所以会变化，是由于发射光谱不同部分的相对强度随温度的变化而变

---

① 只有少数几个极近的和极大的恒星，能用迈克尔逊（A.Michelson）提出的一种巧妙的干涉测量方法直接测量恒星的直径。

化。随着温度的升高，光谱中最强的光逐渐从红色变成紫色（见图33）。因此，通过比较不同恒星发出的光的颜色，我们可以清楚地了解它们的相对表面温度，比如红色的恒星相对较冷，而蓝色的恒星则相对较热。

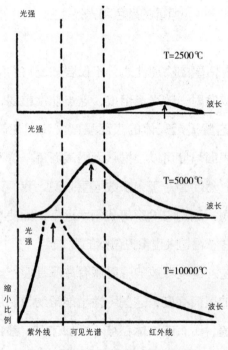

图 33 随温度（T）变化的连续发射光谱

还有一种更为敏感的估算恒星温度的方法，就是对穿过不同恒星（包括我们的太阳）的众多连续发射光谱的黑色细线（所谓的夫琅和费谱线）的相对强度进行研究。这些黑线是恒星大气层选择性吸收光产生的。由于不同原子的相对吸收能力在很大程度上取决于温度，所以不同恒星吸收线的外观差异非常显著，因此我们只需看一眼该恒星光谱的特点就可以估算出它们的表面温度。[①]

按照天文学实践惯例，人们把观测到的恒星温度的范围分成十个等级，即哈佛光谱分类（见照片7）。这个系统的十类光谱用不同的字母命名且没有按照字母顺序排列，显然是为了误导外行人。然而，所有说英语的天文学家都知道一句简单的助记口诀，可以帮助我们理清这杂乱的吸收线。这句口诀是："Oh, Be A Fine Girl, Kiss Me Right Now…"

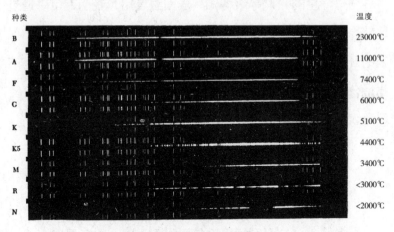

照片7 哈佛光谱对恒星的分类
光谱的差异使天文学家得以估算恒星的表面温度

---

① 印度天体物理学家梅赫－纳德－萨哈（Meh-Nad-Saha）在原子结构量子理论的基础上，首次提出吸收气体的温度与吸收光谱的特点之间具有密切关系。

（哦，好姑娘，现在就吻我……）至于最后一个字母"S"代表"Sweetheart"（甜心）还是"Smack"（啪——掌掴），哈佛大学和耶基斯天文学家至今争论不休。①

如果一个给定恒星根据其特征，其光谱介于上述任意两个类别之间，则可以使用十进制计数法，例如，A2=从A到F距离的20倍，或K5=从K到M的距离的50倍（见照片7）。在哈佛分类系统中，太阳属于G类（6000℃），天狼星属于A类（11200℃），而暗星克鲁格60B属于"较冷"的M类（3300℃）。

通过恒星的光谱等级得知其表面温度后，我们就可以通过比较与这个温度相对应的表面亮度和恒星的绝对光度，来估算它的几何尺寸。根据这个方法，我们发现天狼星和天鹰γ星的直径分别是太阳直径的1.8倍和5.9倍，而暗星克鲁格60B的直径只有太阳直径的一半。

赫罗图

当我们比较这四颗恒星（包括太阳）时，很容易发现一个非常有趣的规律，那就是高光度的恒星通常具有更高的表面温度和更大的半径。经过对这一关系进行更细致的研究，天文学

① 照片7没有显示O类和S类的光谱。

家们总结出了一个著名的恒星分类法，这是目前恒星性质和演化理论的最重要的基础。

1913年3月的第一周非常不利于普林斯顿的天文观测。雨一直下，满天乌云，所有形式的天文观测工作都无法进行。但这并没有影响天文台台长H.N.罗素教授（H.N.Russell），他甚至很高兴，因为有了闲暇时间，可以再次梳理先前的观测结果，并验证几个月来一直萦绕在他脑海里的某些想法。

罗素在一张大的坐标纸上绘制一张图，将他所掌握的所有恒星的绝对光度与光谱类别之间的关系在图上表示出来。这是一项相当乏味的工作，因为需要在图上绘制数百颗恒星，但当这项工作接近尾声时，他发现由这些点组成的图案呈现出非常奇特有趣的形状（见图34）。

在这张图上，一条包含了大部分绘制的点的窄带清晰地从右下角贯穿到左上角，尤其是代表太阳的点也在其中。属于这一主星序的所有恒星显然都是密切相关的，它们只有一点不同，大概就是它们的质量。这些"正常恒星"的范围从相对较冷和较暗的"红矮星"到蓝色的明亮的"蓝巨星"。

但是，这种显著的规律被一些明显的例外打破，然而，正如有句话所说，这些例外又有助于证明这一规律。有两种明显不同类型的恒星远离了这一主星序。一些点不规则地散落在图的右上角，它们代表那些具有极高绝对光度但表面温度却相对较低的恒星。由于较低的表面温度意味着表面单位面积的光强度较小，所以只有假设这些恒星的几何体积非常大才能解释他们的高光度。这些天体被命名为"红巨星"，包括一些著名的恒星，如御夫座的五车二和造父变星。

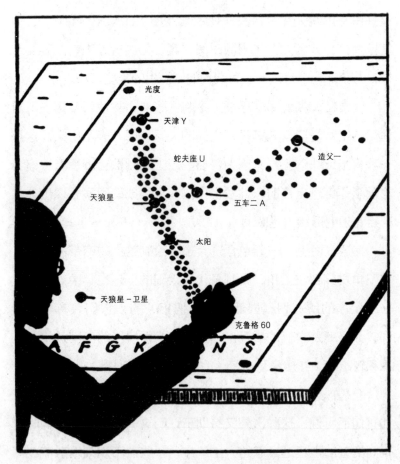

图 34 赫罗图（这些点形成的图案呈现出非常奇特且有趣的形状）

赫罗图的左下角被第二类异常恒星（即白矮星）占据。这些恒星表面温度很高，总光度却较小，这说明它们的几何体积非常小，我们稍后将了解到，它们的体积只比地球大几倍。

这两类"异常"恒星我们留待随后两章讨论，这里我们只关注主要星序的正常恒星。

恒星的质量

我们对恒星质量的了解，是观测天文学中很重要却很薄弱的环节之一。估算恒星质量的唯一方法是观察围绕其旋转的其他天体的运动。例如，根据地球围绕太阳自转的周期我们可以估算出太阳系中心天体的质量。虽然不排除大多数其他恒星也可能具有与我们类似的行星系统，但它们太遥远，我们观测不到。

幸运的是，有相当数量的恒星"成双成对"出现，形成了所谓的双星系统（见图35）。在这种情况下，我们可以直接观察到该系统两颗恒星的相对运动，然后可以根据它们的旋转周期估算它们各自的质量。[①]但是，由于质量的估算需要对运动的所有元素都有完整的了解，所以我们目前只能确定几十颗恒星

---

① 从观察角度看，双星系统分为通过高倍望远镜观察到的可视双星和只能通过谱线上的多普勒效应来观测其相对运动的分光双星。

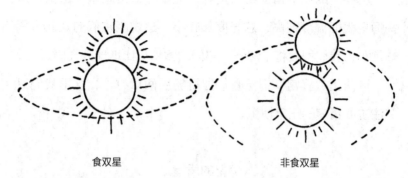

食双星　　　　　　　　　　　　　　　非食双星

图35 双星系统。如果两个恒星的轨道平面倾斜度足够大，恒星系统就会是一个食双星。

的质量。然而，这几组数据足以让我们对恒星质量与光度之间的关系得出一些非常有趣的结论。

阿瑟·爱丁顿爵士（Sir Arthur Eddington）首先指出，恒星的光度是质量的一个确定函数，会随着质量的增加而迅速提高。以恒星为例，我们发现高光度的天鹅座 γ 星（光度是太阳的3万倍）的质量是太阳的17倍，天狼星（光度是太阳的40倍）的质量只是太阳的2.4倍，而暗星克鲁格60B（光度是太阳的1/1000）的质量只有太阳的1/10。

由于恒星的总辐射会随着质量的增长而急剧增加，所以与轻恒星相比，重恒星每克物质释放的能量一定大得多。从以上数据我们可以看出，相对于太阳，天鹅座 γ 星、天狼星和克鲁格60B单位质量释放的能量产量分别为1800、15和0.005。但是，如果所有恒星的能量都就像太阳一样来自热核反应，那么它们释放能量的速度不同必然是由于它们内部有着不同的物理条件，且主要是由于它们不同的中心温度。

恒星内部的核反应

我们在第一章中了解到，爱丁顿对巨大气态星体维持平衡的巧妙分析，使我们知道了太阳从外到内不同深度的物质的不同物理特点，并对其内部产生能量区域的密度和温度得出明确的结论。这种方法既然能在研究太阳时取得成功，就可以用于研究其他恒星的内部条件。实际上，我们如果知道一个给定恒星的质量、半径（或表面温度）和总辐射，通过相当复杂的计算，就可以得出该恒星的中心温度和密度。下面（见表6-1）给出了应用此法对我们前面讨论过的典型恒星的分析结果，其中还包括根据我们观测到的它们各自的绝对光度和质量估算出的每克恒星物质产生的能量。

表6-1 典型恒星分析

恒 星	质 量（相对于太阳）	中心密度（相对于水）	中心温度（℃）	单位质量生成的能量尔格（克·秒）
克鲁格60B	0.1	140	14×10^6	0.01
太阳	1.0	75	20×10^6	2
天狼星	2.4	41	25×10^6	30
天鹅 γ	17.0	6.5	32×10^6	3600

从表的最后两列我们可以看出，温度对观测到的能量产生的巨大影响。当恒星内部的温度从2000万℃上升到3200万℃时，单位质量的能量产出就会增加1800倍。但这种情况只有在热核反应中才能看到，正如我们所知道的，热核反应的速率通常与温度成正比。

我们在上文中已经提到，太阳的能量生成完全是由于自我再生的碳-氮循环反应将太阳物质中的氢稳定地转化为氦。自然，我们也可以假定同样的循环反应也发生在主序列中所有其他恒星中。实际上，计算结果表明，在上表所示恒星内部的温度和密度条件下，它们的热核反应释放的能量与观测到的它们的光度高度匹配。因此，像太阳一样，正常恒星都依赖于氢氦转化过程中释放的亚原子能。

较轻恒星的竞争反应

然而，应该指出的是，尽管碳-氮循环反应在主序列大多数恒星中具有重要意义，但在相对较轻的恒星体（如克鲁格60B）中却有一个有力的竞争对手。这些"冷"恒星的中心温度相对较低，所以缓慢的热质子很难穿透碳、氮等重原子核。在这种情况下，有必要考虑是否存在一种完全不同的核反应，即一种发生在质子之间的不需要任何较重元素催化就能发生的核反应。

美国物理学家查尔斯·克里奇菲尔德（Charles Critchfield）最早研究了这种不同的反应。在该反应中，两个热质子撞击，形成一个重氢核或氘核（见第二章和第三章），可以用这种形式表示：$_1H^1 + _1H^1 \rightarrow _1D^2 + e^+$（正电子）。

之后通常是新生的氘核转变为重氦核：$_1D^2 + _1H^1 \rightarrow _2He^3 +$辐射，等等。[①]

精确的计算表明，温度低至1500万℃，这个反应发挥的作用就会和碳–氮循环反应一样重要；在更低的温度下，它的作用更加明显，甚至占据主导地位。因此，对于主星序列上中心温度只有1500万℃或更低的较轻暗星，其能量产生机制与其他更亮的恒星略有不同，如太阳或天狼星。

恒星演化

前面章节提到过，作者在研究太阳未来的演化时得出了令人惊讶的结论，即太阳的温度和总辐射必然会增加，而氢含量却会减少。在赫罗图的框架中，这意味着代表太阳的点正从现在的位置慢慢向左上部移动，靠近更热、更明亮的恒星区域。

---

① 等等表明这个反应之后是一系列复杂的反应，最终形成普通氦 $_2He^4$。

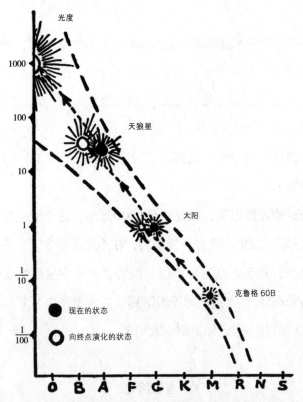

图 36 根据恒星演化理论，三颗恒星未来光度和光谱的变化

　　我们画出了太阳和其他两颗恒星（天狼星和克鲁格60B）的演化轨迹，也标出了我们的计算结果（见图36）。我们看到，恒星演化的轨迹或多或少都沿着恒星的主要序列移动，只有在原始辐射增加100倍之后，恒星的演化轨迹才开始转向较低的光度。因此，100亿年后，太阳将变得像现在的天狼星一样明亮，而那时天狼星的光度也会和蛇夫座U星目前的光度

接近。

　　然而，这并不意味着公元100亿年后天空中的星星必然比1940年的更亮。因为，虽然有些恒星的光度会大幅度增加，但其他许多现在正值壮年的恒星将耗尽其剩余的氢能源，逐渐暗淡下去。从这个意义上看，赫罗图上的恒星迁移与人类社会的新老更迭相似——年老的和死亡的群体曾经占据的位置被不断成长起来的年轻群体占据。但是，正如人类社会中人口数据的变化是由出生率下降等因素造成的一样，恒星社会也会受到控制新恒星形成的各种因素的严重影响。如果像可能的那样（见第十二章），"恒星出生率"随着世界年龄的增长而下降，我们就必须面对这样一种可能，即天空的总体图景将随着宇宙年龄的衰老发生变化。

　　这里需要说明的是，不同质量的恒星会以不同的速度走完它们的演化过程。比起较轻的恒星，更重更亮的恒星会更快耗尽它们的氢能源。因此，如果氢的比例相同但质量不同的两颗恒星同时形成，那么当较轻的恒星仍处于演化的上升阶段时，较重的恒星就已经消亡了。例如，天狼星燃烧燃料的速度是太阳的15倍，所以它的寿命将只有太阳的1/15；而主星序列中最明亮的恒星（蓝巨星），我们很难指望其寿命超过几百万年。

恒星演化与质量、光度的关系

仔细阅读本章的读者可能会产生一个疑问。他也许会说："前面已经指出，不同恒星的光度与它们各自的质量之间存在着明确的经验关系。但是，如果在演化过程中，每颗恒星的光度都发生100倍的变化，那么我们应该能够找到质量相同但光度不同的恒星，或者质量相差很大但光度相同的恒星。这样的话，爱丁顿建立的质量与光度的经验关系是否就与恒星演化的观点相矛盾了？"

为了解决这一难题，我们首先必须更多地关注恒星在其不同演化阶段的速度。因为，如果事实证明大多数恒星都处于同一演化阶段，我们的问题就会得到解决了。我们已经了解，恒星内部生产能量的工厂具有一种特性，即剩余的燃料越少燃烧得越快。因此，虽然恒星处于演化轨道的下部时，使用的氢燃料非常少，但在其演化后期氢燃料的消耗量却会大大增加。这些恒星演化后期的高发光特性自然需要更快的亚原子能量释放速度和相应的氢消耗速度。因此，恒星在演化的较低阶段，花费的时间要长得多，而到了后期演化速度才会相对较快。

例如，计算表明，太阳生命的90%将在其演化轨迹的前半部分（光度增加了10倍）度过，只有10%在后一阶段（光度从

10倍增加到100倍）度过。因此，任意选定的一个恒星可能都正处在其恒星演化轨迹的开始阶段而不是结束阶段。同样，在一个童年时光占据人一生90%时间的奇怪社会，我们几乎只会看到儿童。因此，构成质量和光度关系曲线的恒星只有少数会明显偏离平滑的曲线，实际上，我们还真观察到了一些这样的偏离（朝较大光度的方向）。

我们发现大多数被研究的恒星都处于它们演化的同一阶段的第二个原因是：恒星宇宙本身就非常年轻。太阳将需要大约100亿年的时间才能消耗完它的燃料并完成氢的分解。另一方面，有明确的证据显示（见第十一章和第十二章），整个宇宙形成才几十亿年。显然，在这么"短"的时期内，在光度上与我们的太阳能够相媲美的恒星也不可能演化到更大的程度。只有位于主星序列上部的因为光度太高而寿命更短的恒星，才可能因为形成太早而完成了演化的大部分过程，而实际上正是在这个区域，我们发现了质量和光度关系曲线的显著偏离。

恒星的盛年与衰老

到目前为止，我们只考虑了恒星演化的那一部分——由高温引起的核反应过程中氢的消耗情况决定的。但是，在中心温度达到碳-氮循环反应所需的2000万℃之前，恒星的状态如何？还有，当一颗恒星的氢全部耗尽，没有更多的亚原子能量可用时，它会怎么样？我们能在天空中找到尚处于婴儿期或者已经进入老年期的恒星样本吗？

这些问题提醒我们，有两类"不正常"的恒星——红巨星和白矮星——绝对不符合正常的氢析出演化方案。让我们来关注一下可能代表婴儿期和衰老期的那些恒星吧。

第七章　红巨星与盛年的太阳

典型红巨星

我们已经知道，所谓的红巨星就是体积庞大、表面温度非常低的恒星。这类特殊恒星的典型代表就是五车二（Capella），即御夫座 α 星（α Aurigae），对星空感兴趣的读者一定熟悉它。我们用望远镜观测可知，五车二实际上是一个双星系统，组成它的两部分相互紧密地绕着彼此旋转。

该系统中较暗的成员（五车二B）是主星序列中的一颗普通恒星；但该系统中较亮较大的那颗恒星（五车二A）与其他恒星相比，具有不同寻常的特性。这个巨星的直径是太阳直径的10倍，辐射是太阳辐射的100倍。对于主星序列中光度如此之高的普通恒星，我们会认为其表面温度非常高，但是观察结果显示，五车二A和太阳大致属于同一光谱分类，也就是说，它比它应有的颜色要红得多。

在赫罗图的右上角，我们可以看到这颗恒星离主星序列很

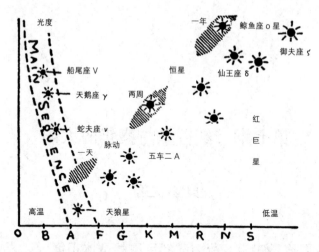

图37 赫罗图的上半部分（显示了红巨星的位置和脉动恒星的区域）

远，应该是一个典型的红巨星（见图37）。[①]根据形成该系统的两颗恒星的相对运动，可以估算出五车二A的质量是太阳质量的4倍，由此可知五车二A的平均密度只有太阳物质密度的1/250，或者水密度的1/200。这正好符合红巨星的低密度特征，说明构成它的物质比主星序列中的正常恒星要稀薄得多。

红巨星的另一个更典型的例子是御夫座ζ的K星。它和五车二属于同一个星座，其质量约为太阳质量的15倍，但其直径是太阳直径的160倍，因此平均密度仅为水密度的1/200000。[②]

---

① 五车二A的辐射不是很红，而是偏淡黄。不过，它比同样光度的普通恒星要红得多。

② 这颗恒星的中心区域密度为0.00014。

138

虽然这颗恒星的光度是五车二A的56倍，但它仍属于冷光谱类M型，看上去也比其他恒星更红。

但是，最引人注目的冷巨星是最近在叶凯士天文台观察御夫座 ε 时发现的（并不是说御夫座有很多红巨星，作者也没有特意在这个星座中选择例子，这纯粹是巧合）。这些观测表明，这颗恒星实际上是一个双星系统，其中一个恒星（御夫座 ε 的I星）巨大且寒冷，发出的辐射主要是红外线（因此用I来命名）。在以前哈佛的光谱分类中，对于温度如此之低（1700℃）的恒星没有任何定义，我们可以简单地称之为"I类"。

虽然这颗恒星的质量只是太阳质量的25倍，但它的直径却

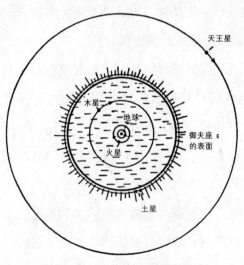

图38 御夫座 ε 的I星和太阳系的相对大小

是太阳直径的2000倍。这颗恒星非常大，几乎可以容纳我们的整个行星系统，包括木星和土星的轨道，除了海王星和天王星（见图38）。因此，它的平均密度只有水密度的几亿分之一！

应该注意的是，我们所说的只是平均密度。在所有气态物体中，越接近中心区域密度越大，而且研究表明，对红巨星而言，这种趋势尤其明显。

红巨星内部

为了确定红巨星内部的物理条件，我们可以沿用研究太阳和主星序列中其他恒星时使用过的研究方法。我们可以从红巨星表面直接观察到的条件开始，逐步深入其内部，最终确定其中心区域的温度、密度和压力值。

该分析表明，尽管红巨星的中心温度远高于其表面温度，但却远低于太阳和其他正常恒星中心的温度。例如，拿五车二A来说，其中心温度是500万℃（太阳的中心温度为2000万℃），而御夫座ζ的K星的中心温度则只有120万℃。巨大的稀薄恒星御夫座ε的I星的中心温度可能远远低于100万℃。

当然，对人类而言，这些恒星内部的温度已经相当高了，但只有极少数热核反应可以在这样的温度下进行。尤其是为太阳和其他正常恒星提供能量的碳-氮循环反应，甚至会因这样的"核霜"而停止，几乎不会释放任何能量。克里奇菲尔德（Critchfield）提出的氚形成过程也是如此。

为了给这些相对较冷的恒星找到合适的亚原子能源，我们必须寻找能够在比上述两种情况低得多的温度下进行的核转化过程。1939年，本书作者及其同事爱德华·特勒博士（Dr. Edward Teller）对这个问题进行了研究，其结果似乎为我们提供了一个令人满意的红巨星的能量生成之谜的解释。

轻元素反应

正如我们所见，质子最容易和元素周期系统中最轻元素的原子核发生反应。[①]以下是比碳和氮轻的元素间可能发生的六种核反应：

（1）$_1D^2 + _1H^1 \longrightarrow _2He^3 + 辐射$

（2）$_3Li^6 + _1H^1 \longrightarrow _2He^4 + _2He^3$

（3）$_3Li^7 + _1H^1 \longrightarrow _2He^4 + _2He^4$

（4）$_4Be^9 + _1H^1 \longrightarrow _3Li^6 + _2He^4$

（5）$_5B^{10} + _1H^1 \longrightarrow _6C^{11} + 辐射$

（6）$_5B^{11} + _1H^1 \longrightarrow _2He^4 + _2He^4 + _2He^4$

---

① 这里不包括形成氘的质子－质子间的反应。由于质子－质子之间的反应释放电子概率较低，形成氘的质子－质子间的反应速度相对较慢。

根据现有的核物理数据，我们可以估算出上述每一种反应的亚原子能量释放速率，并按照结果将它们分为三种明显不同的类型。

第一类只包含氘核和质子之间极其快速的反应（1）。由于这两种粒子的电荷很小，即使在100万℃的低温下，这种反应也会释放巨大的能量。

第二类包含质子与锂的同位素之间的较慢的反应（2）（3）、质子与铍的反应（4）及质子与较重的硼同位素之间的反应（6）。这些反应所需的温度在300万℃到700万℃之间。

第三种类型是质子与较轻的硼同位素之间的更慢的反应（5），所需温度只略低于主星序列上恒星中心的温度。在这种特殊情况下，这种反应速度相对较慢，原因是这种转化涉及的 γ 射线的放射过程降低了其发生概率。事实上，γ 射线的释放概率通常比核粒子的释放概率低数百万倍，因此为了获得这种反应的合适速率，需要通过提高气体温度来加强粒子的轰击力度。[1]

---

[1] 读者可能已经注意到，我们列出的第一反应（D-H）也涉及 γ 射线的释放，但却是所有反应中速度最快的。然而，问题在于，在这种情况下，由于电荷较小，核势垒的高穿透性大大提高了 γ 射线释放的概率。如果D-H反应不产生辐射物，那么其反应速度可能比实际速度还要快数百万倍。

太阳中最轻元素的缺失

由于上述三种反应释放能量的起始温度相对较低，我们可以预期，在中心温度为2000万℃的太阳中，亚原子能将以相当惊人的速度释放。事实上，在目前的太阳温度下，如果太阳内部有数量可观的最轻元素，那么释放出来的能量将导致太阳发生巨大爆炸。因此，我们可以得出肯定的结论：太阳内部并不存在这些"危险元素"，而且，如果太阳在其演化的早期阶段存在过这些元素，那么在其遥远的历史时期（即其中心温度远低于现在的时期）必定已经将它们完全耗尽了。

然而，我们对太阳光谱的分析似乎显示，在太阳大气中仍然存在少量的锂、铍，可能还有硼。地球上也存在这些元素，这表明，当地球与中心天体分离时，这些元素至少存在于太阳的外层。但即使是在地球上，这些最轻的元素也非常稀少（见图39），这也佐证了它们在地球历史早期就已经消失的结论。

顺便提一句，太阳和其他恒星的内部和外层在化学成分上的这些差异，对解答化学元素的起源和宇宙的早期发展的问题都是非常重要的。

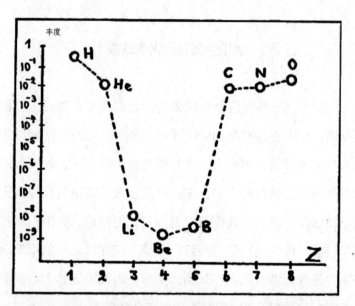

图 39 地壳中最轻元素的相对丰度,该曲线显示地壳中含有极少量的锂、铍和硼。陨石和恒星大气中最轻元素相对丰度的曲线与此大致相同。

红巨星内部的轻元素反应

现在,我们回到最初的关于红巨星能量源的问题。从上面的讨论中我们已经获悉,氢和其他最轻元素之间发生热核反应需要的温度在100万~2000万℃之间,这与我们对各种红巨星中心温度的估算范围相符。因此,我们自然可以得出结论:这些恒星现在仍然在"燃烧"轻元素,而太阳中的那些轻元素早已消耗殆尽。通过计算可知,在红巨星的中心区域,只要有少量这些元素，就足以维持它们的可见辐射。

然而，由于这类恒星的中心温度差异很大，我们必须选择不同的反应来说明不同的特定情况。例如，最冷的红巨星，如御夫座 ε 的I星以及赫罗图中它的近邻，肯定完全依靠氘-氢反应，而它们的锂、铍和硼应该还未用上。另一方面，像五车二A和御夫座 ζ 这样的恒星显然已经燃尽了它们的氘，并且正在消耗上述第二种反应中的元素。最后，在赫罗图中，靠近主序列的红巨星必定用硼的较轻同位素 $_5B^{10}$ 来产生能量，而且一旦它们的轻核燃料耗尽，它们就会成为一颗颗普通恒星。

从赫罗图中不同部分的恒星占据主导地位的具体核反应（见图40）我们可以看到，除了主星序列的下半部分，其余大部分都对应一种特定的能量生成模式（碳-氮循环反应）。红巨星区域包括各种恒星，它们在各自的熔炉中使用不同的燃料。不同轻元素反应所对应的区域可能经常重叠，所以我们会发现，在这些恒星中，有两种甚至三种元素对于能量的产生同样重要。

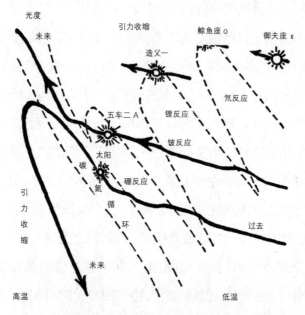

图 40 赫罗图中不同核反应的分布与太阳、五车二的演化轨迹

红巨星的演化

为红巨星提供能量的轻元素的反应，在一个非常重要的方面明显不同于太阳内部的核反应。它们不具有碳-氮循环"凤凰涅槃"般的自我再生特质，即参与这些反应的核子永远不会回到它们的最初形态。因此，碳核和氮核只是氢转化为氦的催化剂，而氘核、锂核、铍核和硼核会在能量生成过程中彻底消失。因此，恒星在演化为红巨星的每一阶段所花费的时间一

定比它在主星序列①中所花费的时间短得多，而这一"恒星婴儿期"的所有连续阶段只不过是每颗恒星总演化生命的一小部分。

　　现在，我们可以描绘出恒星演化早期的一个总体图，该图也能将太阳作为恒星的特例来解释太阳过去的发展状况。根据此图，每颗恒星最初都是稀薄而寒冷的巨大的气态球体，含有各种可能的化学元素。气态球体不同部分因为引力逐渐收缩，中心温度逐渐上升。一旦中心温度接近100万℃，恒星内部就开始第一次核反应——氘和氢之间的反应。这种反应释放的亚原子能量阻止了恒星进一步收缩，只要有足够的氘维持这些反应，恒星就会保持这一稳定状态。

　　但是，一旦氘量太少，无法提供足够的辐射能量，恒星的收缩过程就会再次开始。在此之后，恒星继续收缩，直到中心温度上升到足以促发氢和锂之间的热核反应；而这种热核反应将再次导致恒星停止收缩。

　　因此，随着红巨星从一种反应转换为另一种反应，其中心温度和总光度也会逐渐提高，最终红巨星接近主星序列区域，这时碳核和氮核开始发挥他们的催化作用。由于恒星体中轻元素的原始比例可能不到1%，所以在红巨星阶段的完全"燃烧"

————————
① 因为只要恒星中还有氢，其主序列状态就会持续，而氢又是恒星物质的重要组成部分。

只会造成氢含量的小幅下降。但是，一旦恒星进入主星序列，且其中心温度足够高，碳-氮循环反应就会开始不断消耗该恒星体中的氢，直到耗尽最后一个氢原子为止。此时，恒星开始最后的收缩，直到死亡。

作者研究了两颗恒星，并勾勒出其发展的三个主要连续阶段的演化轨迹（见图40）。图上部是五车二A的演化轨迹，此星目前处于红巨星阶段。我们知道，当这颗恒星进入主星序之后，它的光度将会是现在的好几倍，此后它将成为天空中最亮的恒星之一。图40中较低的是太阳的演化轨迹，说明在过去，太阳一定是一个巨大的红色球，其光度远远低于现在。比太阳小且处于早期阶段的那些恒星，其光度和表面温度都很低，我们几乎是看不见的。

脉动星

我们通过早期的观测发现，有些恒星的光度并不是恒定的，而是会出现周期性的波动。在许多情况下，这种变化可以用一个事实来解释：这种恒星实际上是双星系统，这两颗恒星在一个平行于我们视觉方向的平面上运动。显然，在这种情况下，其中一颗旋转的恒星将不时出现在另一颗的前面，而后一颗恒星的周期性偏食（部分消失）会引起光强度的周期性下降。

图41的上半部分向我们展示了一个蚀变星的示意图，以及一条代表两颗恒星的重叠而导致观测光度变化的曲线。这条时间-光度曲线的形状非常典型，显示了连续的光度会周期性地被一个急剧下滑的极值中断。

但是，对天空深入研究后，我们也发现了其他变星的存在，而这些变星不可能用上述简单的假设来解释。这些恒星，通常被称为"造父变星"（以最早发现的这类恒星仙王座 δ 命名），它们的光度会周期性地平稳改变，这可以用一条普通的正弦曲线来表示（见图41下半部分）。这些我们观测到的光度谐波的摆状特征表明，整个恒星体会在固定的直径最大值和最小值之间有规律地脉动。对造父变星光谱线中的多普勒效应①的观测，证明了这些恒星的表层在周期性地上升和回落，就像在呼吸一样。

值得注意的是，虽然蚀变星系统的两颗恒星通常是主星序列中的普通恒星，但脉动现象仅能在红巨星中观察到。脉动恒星形成了一个边界分明的恒星群，赫罗图最上部的狭窄带状区

---

① 先前提到的多普勒效应，就是一个相对于观察者来说移动的光源发出的光的颜色变化。在一个渐弱光源的光谱中的所有线都将移向红色端，而接近观察者的光源将向紫色方向移动。因此，通过将恒星表面的光谱与地面光源的光谱进行比较，如果恒星表面周期性地起落，我们就可以探测到这一恒星表面的光谱线的周期性移动。

域（见图37）就被这些稀薄冰冷的恒星所占据。

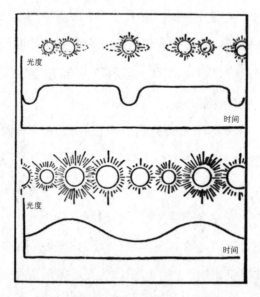

图 41 蚀变星和脉动变星及其相应的光度曲线

恒星脉动理论

大气气体脉动数学理论最早由爱丁顿提出，证明了造父变星的脉动周期与它们的几何体积及质量之间有着非常有趣的依存关系。恒星脉动的规律类似于普通钢琴键或小提琴弦的谐波振动规律。对于后者，弦音调（振动频率）主要取决于振动弦的长度和质量（粗细程度）。长弦比短弦发出的声音低，若两根弦长度相等，较重（较粗）的弦发出的声音低。同样，气态恒星的脉动周期随其尺寸和质量的增加而变化。

根据爱丁顿的理论，恒星的脉动周期恰好与其平均密度的平方根成反比，因此，稀薄的恒星必然比密度大的恒星的脉动速度慢。我们已经知道，红巨星的平均密度随着质量和光度的增加而下降，所以我们可以得出这样的结论：更重更亮的恒星肯定脉动周期更长。

这一关系最初由哈佛天文学家H. 沙普利（H.Shapley）根据观测数据提出，在恒星天文学中发挥着非常重要的作用。图37的赫罗图显示了不同红巨星区域所对应的脉动周期，它们的脉动周期从几小时到几年不等。

三类脉动星

对大量脉动变星的详细研究表明，这些恒星的脉动周期都不相同，按脉动周期的长短可以将它们分为三大类。第一类是所谓的短周期变星（或集群变星），其周期介于6小时到一天之间。在第二类变星中，肪动周期在一天到一周之间的很少，但是周期在一周到三周的却非常多。著名的仙王座 δ 就是其中一员，这类脉动星通常都是普通的造父变星。最后一种脉动变星数量大，脉动周期多在一年左右。这些长周期脉动变星被称为米拉变星，以鲸鱼星座中的"不可思议的星星"——米拉命名。

在图37的赫罗图中，这三类恒星所在的区域用加重的阴影表示。将脉动变星分成三组是基于本章前面讨论的红巨星的能量释放理论。我们可以看到，这些恒星的能量来源于三种不同类型的核反应，所以很自然地有了这样的推论：这三组脉动恒星对应着三种不同的能量产生模式。

如果我们将三个脉动星群所处的区域位置（见图37）与依赖不同核反应的恒星的位置（见图40）进行比较，立即就能发现这种推论相当正确。事实上，我们发现，长周期变星的能量来源于氕-质子反应；造父变星"燃烧"锂、铍和重硼同位素；短周期变星完全依赖于轻硼同位素。

因此，我们观测到的巨大恒星体的脉动与化学元素周期系统中的序列有直接联系。

脉动原因

为什么恒星会脉动？尤其是为什么这种脉动的特性只出现在赫罗图的某个特定狭窄区域？当然，有许多原因可以破坏气态恒星的平衡状态，例如两颗恒星之间距离太近，或者恒星内部偶然的小爆炸。但这些情况只是恒星脉动的偶然现象，而且严格来说，是不限于赫罗图中某一特定类别恒星的。脉动变星所在的区域比较狭窄，表明我们在这里讨论的是一颗恒星在其整个进化过程中仅发生一次的特殊情况。

导致这些大型恒星体不稳定的确切条件目前还不十分清楚，但作者最近提出的假设有力地表明，脉动是恒星内部的原子核与引力能之间的冲突造成的。事实上，在赫罗图中被脉动恒星占据的区域有一个特点：热核反应释放的能量和恒星体因引力收缩释放的能量大约在同一数量级。在这些情况下，恒星"不知道选择哪种能量源更好"，且"在这两种可能性之间摇摆"。但这一假设需要进一步证实，在没有进行大量复杂烦琐的计算之前，还不能确认。

第八章 白矮星和衰老的太阳

恒星演化的终结

在前面的章节中我们已经了解，在非常遥远的未来，当所有可用的亚原子能量源都枯竭时，太阳将开始其最后的收缩。这个收缩过程释放的引力能可以使太阳的热和光持续辐射一段时间，但是随着收缩过程接近尾声，太阳辐射强度将逐渐下降。又一个漫长的时期之后，太阳将变成一个被冰层覆盖的死气沉沉的巨大球体，一些忠实的冰冷行星仍会绕其旋转。

当我们提到这个"死去的太阳"时，我们会把它想象成一个巨大的石头球体，类似于我们的地球，只是它的直径更大。我们还会想象它含有各种已知的花岗岩和玄武岩，在坚固的地壳形成后，其内部在相当长一段时间里将是热熔岩状态。但正是因为太阳比地球大得多，上述类比才大错特错；因为以我们目前对物质性质的了解，死去的太阳的内部将处于一种与地球内部或任何其他行星内部都完全不同的物理状态。

物质坍缩

为了了解阻止"花岗岩太阳"形成的物理原因，我们可以想象有一位疯狂的建筑师，他建造了一所不限楼层的房子。随着房子的建造，他需要的建筑材料也越来越多，每天都有新楼层建在旧楼层上。显然，即使不了解土木工程原理的人也知道这样下去迟早会发生事故。上层建筑的重量越来越大，下层的墙壁会承受不住，致使整个房子坍塌，变成一堆乱石，比施工初期还要低。如果我们的建筑师没有考虑到建材的承重极限，一旦房子底部承受的压力超过这个极限，房屋就会倒塌。

由固体物质构成的庞大恒星也会遭遇相似的困境。这些恒星外层的重量会对其中心区域产生巨大的压力，所以我们应该想到，如果这种压力超过一定值，物质的阻力就可能被打破，导致恒星发生坍塌。这就限制了冷恒星体的大小，如果其质量大到超过某个极限值，就会发生与例子（见图42）类似的彻底坍塌。

"但这两种情况并不完全相似。"读者可能会说，"受到来自上方的强大压力后，房子的墙壁会开裂并倒向两边。然而，对于一个巨大的球体来说，中心区域的物质受到来自四面八方的压力，似乎没有方向可供倒塌。"

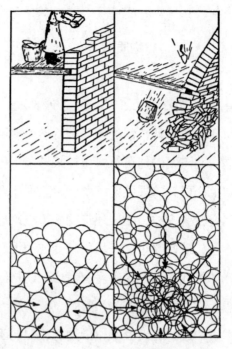

图 42 在巨大的压力下，砖墙和原子的坍塌

言之有理，但是，一个可能的坍塌方向被读者忽略了。别忘了，物质是由大量的独立原子构成的，当这些原子紧密地聚集在一起时，物质就呈固体状态。但我们也知道，原子不是德谟克利特想象的那种绝对坚固的球体，而是围绕着中心核的电子壳系统。现在，在正常压力下，原子各组成部分之间的作用力使其顽固地坚守在原地，抵抗着任何将其挤进邻近原子的尝试，因此，压力的增加几乎不会改变固体的密度。但是，任何阻力都有极限，如果压力超过这个极限值（不同种类的原子极

限值也不同），电子壳就会被破坏，原子就会被压碎，就像压在装满重物的篮子底部的鸡蛋一样。

　　然后，一个原子的电子会进入另一个原子的内部，单个原子的电子系统这时将不再有任何意义。我们的"碎裂原子"不再是围绕着独立原子核的有序电子壳系统，而是由裸露的原子核和自由运动的独立电子组成的独特混合体，而所有这些电子都无序地在原子核之间穿行（见图43）。

　　这时，由于单独原子电子壳层相互不可穿透性形成的固态

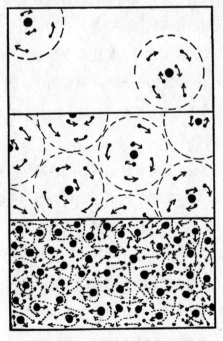

图43 物质的气态、固态（或液态）和碎裂状态

刚性将消失，外部压力的增加将导致物质密度相应增加。因此，当压力足够大时，普通意义上的固态（和液态）物质将不复存在，物质将恢复其可压缩性。

物质碎裂态的特性

在外部压力作用下呈现出高收缩性，在没有压力的情况下又会无限膨胀，这种物质状态在物理学中通常被称为气态，因此，我们必然会把上述被压碎的物质看作是某种气体。当然，这种气体与我们在经典物理学中所界定的普通气体完全不同，它除了具有极大的收缩性外，看起来更像是熔化的重金属。从内部构成来看，这种奇特的新物质与普通气体的差别很大，因为它不是单独的原子或分子的集合体，而是快速移动的原子碎片的不规则混合物。

还应注意的是，正如普通固体的刚性是由沿量子轨道运动的电子保证的，破碎物质的收缩性本质上也源于混合物中的电子而不是原子核。当这些被撕裂的电子偏离它们在单独原子内的稳定轨道后（由于缺乏移动空间），会保留它们的零点能，这是形成这种新气态压力的主要原因。因此，同样的零点能可以防止电子落在原子核上，从而确保原子的存在，也确保即使在最低温度下碎裂状态的物质也能获得高气压。

意大利物理学家恩里科·费米（Enrico Fermi）最先研究了这种电子气体的特性，所以这种电子气体通常被称为费米气体。费米的研究显示，电子气体的压力——破碎物质的压力——会随着其密度的增加而迅速增加，与其所占体积的5/3次方成反比。

最大的石头能有多大？

上述讨论清楚地表明，为什么冰冷的巨大天体在其中心区域产生超过原子破碎值的压力时，就不能再被认为是巨大的石头。因为它们内部的物质完全失去了固体的性质，表现方式与普通气体非常相似。为了获悉这种坍缩恒星体的大小，我们必须更详细地讨论其内部费米电子气体的压力与引起它收缩的各个部分间的引力之间的平衡条件，因为这些引力往往会进一步压缩它的半径。

设想有一个已知质量和半径的巨大碎裂物质球体，在该球体中，气体压力和引力之间已经达到平衡状态。在不改变该球体半径的情况下，我们若把其质量增加一倍会发生什么呢？压缩球体的总引力由球体不同部分间的引力组成，例如两个体积元A和B之间的引力（见图44）。球体的总质量增加一倍，意味着每个体积元的质量都会扩大一倍。根据牛顿定律，引力与相

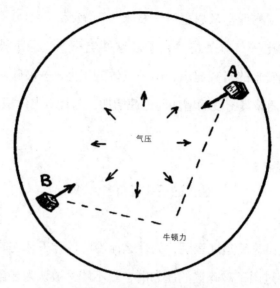

图 44 大气中气压与引力的平衡

互作用的质量的乘积成正比。因此，这种质量加倍，将引起压缩球体的总引力扩大4倍。另一方面，根据费米定律，球体内部的电子气压增加的倍数小于4（$2^{\frac{5}{3}}=3.17$）。如此一来，两种作用力之间的平衡就会被打破，球体将开始收缩，直到其半径收缩到一定程度，这两种力才能再次达到平衡。

从这一点我们可以看出，这种碎裂的物质不太适合用来构造庞大的几何物体，因为我们投入的材料越多，最终的体积反而越小。因此，原子对高压的有限阻力极大地限制了巨石的体积大小；质量超过原子阻力上限值的物体原则上已经不能被称为固体，其几何尺寸会随质量的增加而减小。

木星：最大的石头

为了确定可以被视为固体的物体的最大质量，从普通意义上来讲，我们首先必须估算出原子破碎所需最大压力值。根据目前的原子结构理论，这很容易做到，印度天体物理学家D.S.科塔里（D.S.Kothari）已经计算出原子破碎所需压力临界值为1.5亿个大气压。

如果将这个数字与地球中心区域的2200万个大气压进行比较，会使骄傲的我们备受打击：我们地球的重量还不足以压碎原子。只有木星——太阳系中最大的行星（重量是地球的317倍）——内部的压力接近物质破碎所必需的压力临界值。我们估计，这个巨大天体中心区域的原子，在外层的重压下即使还没有被压碎，也处于被压碎的边缘。

所有质量比木星大的固体都不可避免会发生内部坍塌，它们的半径最终必定小于木星的半径。因此，从原则上来说，木星是宇宙中几何体积最大的冰冷物质体。而"死去的太阳"尽管质量更大（实际上正是因为这一点），但它的直径却会比木星的直径小得多，只相当于地球的直径（见图45）。

坍缩天体的质量和半径的关系

当然，要想确定坍缩恒星的半径与质量的关系，肯定需要相当复杂的数学计算。这种计算不仅要考虑该星体的质量，还必须考虑其化学构成。因为，正如我们在上一节中所知，物质碎裂状态的气体压力本质上是由原子破碎所释放的自由电子数量决定的；同时，促使恒星体收缩的外层压力是由在同一过程中产生的裸原子核的质量决定的。因此，这两种相反的作用力之间的平衡主要取决于每个自由电子所携带的压力，而不同的化学元素携带的压力又是不同的。

例如，纯氢原子破碎后每个电子释放的质子质量为1，而对于氦原子来说，两个电子必须携带一个质量为4的原子核，所以，每个氦电子的质量是氢电子质量的2倍。显然，纯氦构成的坍缩恒星必须收缩到半径略小于由氢构成的恒星半径，才能达到平衡状态。

然而，破碎的氢和破碎的氦之间这2倍的巨大差异，是目前我们能发现的最大差异，这一点我们通过继续深入研究元素周期表就能发现。元素周期表的所有其他元素，原子重量（质量）与原子序数（电子数）之比始终相同，或仅略高于氦的比值。（例如：碳 $\frac{A}{Z} = \frac{12}{6} = 2$；氧 $\frac{A}{Z} = \frac{16}{8} = 2$；铁 $\frac{A}{Z} = \frac{56}{26} = 2.15$。）由此，我们可以得出结论：由这些元素中的任意一种组成的坍塌恒星体的半径都几乎与纯氦形成的恒星体半径相同。

在前几章的讨论中，我们得知恒星的坍缩状态肯定是其演化的最后阶段，因此其内部的氢含量几乎消耗殆尽。[1]这意味着，我们可以忽略其包含的原子类型问题，直接认为坍缩恒星的半径由其质量决定。

我们用图示将印度天体物理学家钱德拉塞卡的计算结果（以氢含量为零的恒星为单位）展示出来（见图45）。他对恒星体坍塌状态的研究最为完整，可供我们借鉴。我们看到，质量小于木星质量的星体，在未崩塌处于普通固体状态时体积与质量成正比；但是对于质量大于木星质量的星体，情况则完全不同，由于其内部物质的坍塌，这类星体的体积会随着质量的增加而减小。特别是，我们在这条曲线中发现，"死去的太

---

[1] 在关于坍缩恒星氢含量的问题上，大多数天文学家与作者的这个观点有分歧。分歧在于，光谱分析表明在所谓的白矮星的大气中存在大量氢，如我们稍后将看到，白矮星实际上是坍缩的或正在坍缩的恒星体。根据这一观测，人们通常认为这些恒星内部也必然含有大量氢。所以会有人问：含有足够的氢来产生热核反应的恒星怎么会收缩？白矮星内部大量氢含量的假设与我们所知的核转换物理知识完全矛盾。不难计算，如果白矮星内含有大量氢，两个氢原子形成氦的过程（如第五章所述）所释放的能量将比我们观测到的辐射高出数百万倍。因此，我们认为：在坍缩的恒星体大气中观测到氢只是一种偶然，根据大气分析就得出有关恒星内部结构的结论是不可靠的，就如同仅靠观察地图就得出地球的三分之二是水的结论一样站不住脚。

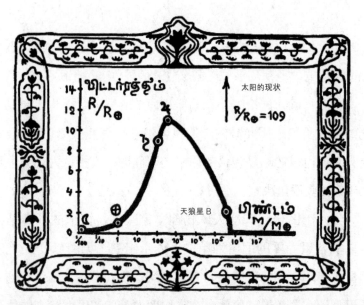

图 45 冷恒星半径与质量之间的关系【依据印度天体物理学家钱德拉塞卡
（Chandrasekhar）和科塔里（Kothari）的计算】。符号 ☾、⊕、♄、♃ 分别代表月亮、
地球、土星、木星。请注意，如果有天体的质量是地球质量的 46 万倍，那其半径将变为
零！钱德拉塞卡博士用泰米尔语表示"质量"和"半径"。

阳"的半径仅为木星半径的1/10，与地球半径相当。太阳在其
演化末期的平均密度将会是水的密度的300万倍。

　　由于物质被压碎后具有高收缩性，所以这种高度收缩的星
体的密度并不均匀（比如我们的地球），越靠近星体中心密度
越大。根据钱德拉塞卡的计算，在这种情况下，星体中心密度
会是其平均密度的10倍。如此一来，当太阳到达生命的尽头
时，表面将永久覆盖上厚厚的冰层，"死去的太阳"中心区域
每立方厘米的物质重达30吨，这是多么不寻常的情况。

白矮星

　　"好吧，"读者现在可能会带着怀疑的语气说，"这场景的确令人激动，但谁能确保这是对的呢？没有H.G.威尔斯先生（H.G.Wells）的时光机，任何人都无法真正穿越到数十亿年后确认这一预言。只有亲眼看到死去的或正在衰亡的太阳，我才会相信。"

　　当然，我们无法向读者展示太阳真正衰亡的画面，也无法看到那些已经完全衰亡的恒星，因为它们不再发光；但我们只需要环顾星空，就可以发现那些已经耗尽了氢正在慢慢衰亡的恒星。因此，我们能找到大量观测证据，证明正在衰亡的坍缩恒星体正依赖它们缓慢收缩所释放的引力能度过暮年。这类恒星的光度相对较低，半径也异常小（相应的密度非常大），因此可以轻易地区别于其他"盛年"的恒星。

　　处于这个濒死阶段的恒星，第一个被发现也是最典型的例子是"天狼星伴星"。我们已经知道，天狼星是主星序上的一颗普通恒星，其所有性质与太阳相似。然而，目前我们感兴趣的并不是天狼星，而是一颗位于大犬眼中，近距离绕天狼星旋转的恒星——天狼星的光度是其光度的13000倍。正是因为光度暗淡又邻近天狼星，它一直不为人所知，直到1862年才被克拉克发现。它存在的第一个迹象是人们在观察天狼星的运行时发现的，天狼星在恒星间有固定的运行轨道，但并不是人们以为的直线，而是一条蜿蜒的曲线，这表明有其他星体在干扰它的运行。

令天文学家们大为惊讶的是，这颗新发现的天狼星伴星发出的光的颜色并不是这样光度的恒星本应发出的淡红色，而是亮白色，说明其表面温度高达10000℃。这种辐射的特性和极低的整体光度，为天狼星伴星和其他后来发现的同类型恒星赢得了"白矮星"这个诗意的名称。

我们可以很容易看出，天狼星伴星的这些可被观察到的特性非常符合上述有关正在衰亡的恒星的理论要求。如果一个表面温度非常高的恒星体（对应其单位表面释放的高能量）却只有极低的绝对光度，我们就可以得出这样的结论：该星的几何尺寸要小于普通恒星。根据天狼星伴星的整体光度和表面温度，我们很容易估算出其表面积是太阳的1/2500，半径是太阳的1/50。[①]

另一方面，根据天狼星伴星围绕天狼星的旋转周期推算，其质量几乎等于太阳的质量（约为太阳质量的95%），所以其

[①] 与通过研究白矮星表面温度得出的半径相比，通过测量爱因斯坦相对论提出的高引力势能光谱线红移获得的半径值更加精确。白矮星的质量大，半径小，所以它们的光谱红移相对较大，很容易测量，若其质量已知，则可精确估算其半径。本书中给出的数值完全基于此类测量。

平均密度是水密度的20万倍。因此，我们看到，正如R.H.福勒（R.H.Fowler）率先指出的那样，白矮星实际上就是坍缩状态的恒星，这也和我们之前的纯理论推测相符。

如果我们在坍缩恒星体的理论曲线上标注观测到的天狼星伴星的质量和半径（见图45），就会发现，现在其半径仍然是其最终状态时半径的2.5倍。这一事实表明，这颗特别的白矮星还没有到达收缩的最后阶段，或者我们目前对其半径的估计至少有2倍的误差。

太阳何时灭亡

毫无疑问，几十亿年后太阳会衰亡，那时的太阳看起来更像现在的天狼星伴星。到那时，从地球上看到的太阳的可见角直径会与木星目前可见的直径大致相同，所以，不了解的观察者可能会把太阳当成一颗遥远却耀眼的恒星。

那时尽管"太阳恒星"的角直径很小，但它发出的光线仍然比天空中任何其他恒星的光线都要强烈。中午，地球表面比满月时亮1000倍，但是月球本身却会因太阳的衰亡无法再被人们看见。地球的温度将下降到-200℃（-328℉），地球表面任何生命体都不可能存活。但是，所有这些黑暗和寒冷引起的不便对人类来说可能并不重要，正如我们在第五章中所提到的，早在太阳进行最后的收缩之前，越来越频繁的太阳活动就已经把人类烧死了。

第九章　太阳会爆炸吗?

新星

对于我们人类而言，前文所提到的恒星演化过程的变化非常缓慢，至少需要几百万年的时间才能发生较为明显的变化。因此，太阳的变化——逐渐升温，以及在达到最大光度后的最后坍缩——对于地球居民来说也只是纯理论上的事情。但是，我们对天空的观测却显示，很多导致恒星状态彻底改变的灾难性事件会在短短几天甚至几个小时内发生。

出人意料的是，恒星会在没有任何预兆的情况下突然爆炸，而且其爆炸时的光度会是正常状态的几十万倍甚至数十亿倍。一颗恒星在爆炸之前可能非常暗淡，毫不起眼，爆炸时却将突然成为天空中最明亮的恒星之一，从而引起天文学家和迷信者的注意。然而，这种极亮的状态不会持续很长时间，在迅速达到最大光度之后，爆炸后的恒星将逐渐暗淡，并在一年左右的时间内恢复到原来的光度。

人们早期用望远镜观测到了这种恒星爆炸，但却并未注意到它们的原始状态（因为在大多数情况下，肉眼看不到它们），因此，爆炸的恒星被误命名为新恒星或新星。在古代历史中可以发现一些这种极亮新星出现的记录，"伯利恒之星"很可能就是这种宇宙灾难之一。

在近代，著名的丹麦天文学家第谷·布拉赫（Tycho Brahe）在1572年11月观察到了一次耀眼的恒星爆炸；这颗恒星在光度最强时甚至在白天都可以看得到。之后，在1604年，又出现了另一颗明亮的新星，它通常与提出行星运动定律的约翰·开普勒（Johann Kepler）的名字联系在一起。在天文学历史上，这两个杰出人物发现这两次剧烈的爆炸之后，天空在相当长一段时间之内非常平静，直到1918年，人类首次利用现代观测方法在天鹰座（Aquila）观测到一颗在一段时间内非常明亮的恒星，其光度甚至超过了天狼星（见照片8A）。

然而，我们必须要清楚的一点是，除了这些非常显眼的新星之外，必定还有大量恒星爆炸，但因为它们离我们太远、太暗淡，所以我们无法观测到它们。事实上，通过摄影手段对天空进行的现代系统观测表明，在我们的恒星系统中，每年至少会发生20次这样的爆炸。

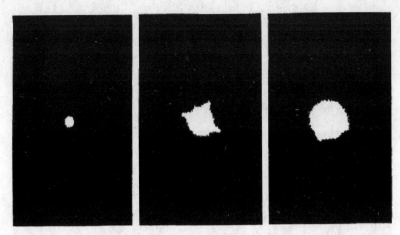

照片 8A 1918 年发现的天鹰座新星扩大的星云环。三张照片分别拍摄于 1922 年 7 月 20 日、1926 年 9 月 3 日和 1931 年 8 月 14 日。（拍摄于威尔逊山）

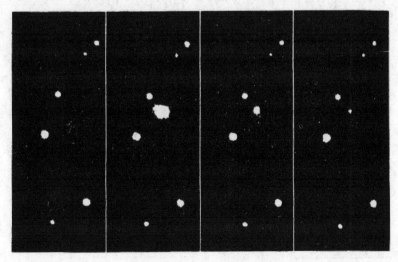

照片 8B 超新星 I.C.4182 的出现和消逝。四张照片分别摄于 1937 年 4 月 10 日、8 月 26 日、12 月 31 日和 1938 年 6 月 8 日。（F. 兹威基博士拍摄）

两类恒星爆炸

我们从上面章节已经知道，新星可观测到的亮度差异很大，有些很亮，在白天也能轻易被看到，而有些则只能通过天文望远镜才能观测到。在很大程度上，这种差异是由我们与爆炸恒星之间的距离所致，若能够将它们与我们之间的距离进行调整，就会发现这些恒星的爆炸光度大都相近，平均约为太阳正常光度的20万倍。

然而，这并不包括伯利恒或第谷星这样的特殊情况，这二者肯定要亮得多。对这些异常明亮的新星的所有历史数据进行研究后，天文学家W.巴德（W.Baade）和物理学家F.茨威基（F.Zwicky）得出了一个非常有趣的结论：我们在这里讨论的是一种性质完全不同的爆炸的恒星，这一类爆炸的恒星被命名为超新星。超新星的最大光度平均是普通新星的1万倍，是太阳光度的几十亿倍。人类历史上观测到的大多数新星可能都属于此类，其中1604年发现的开普勒恒星显然是我们恒星系统中这种类型恒星的最后一次爆炸。①

巴德和茨威基还根据历史数据估算出，在我们的恒星系统

---

① 天鹰座新星1918是一个普通的新星，它看上去很亮是因为与我们的距离相对较近。

中，超新星出现的平均频率约为每300年一次。自上一次"超级爆炸"至今已有336年，在此期间我们的恒星系统中没有发生过其他类似的灾难，因此我们估计，现代天文学很快将有幸观察到类似伯利恒、第谷、开普勒等恒星的现象。

"天文学家开了一个多么糟糕的玩笑。"读者可能会想，"超新星是极为罕见的现象，人们必须要等上几个世纪才能看到。如果想要搜集到这些恒星爆炸的观测证据，至少要等上几千年！"

事实上，情况并没有那么糟糕。正如我们将在接下来的章节中看到的，我们的恒星系统是由大约400亿颗恒星组成的，而且它并不是整个无限宇宙中唯一的系统。天文观测显示，在非常遥远——比我们恒星系统中最遥远的恒星更遥远——的宇宙广阔空间中，还自由飘浮着其他恒星。从地球上看，这些遥远的恒星系统只是一些若隐若现的球形或椭圆形星云，天文学家称之为银河系外星云。①通俗文学给它们起了一个更恰当的名字"宇宙岛"。成千上万类似我们银河系恒星系统的遥远星系已经被记载，而通过最强大的望远镜观测可知，在宇宙最遥远的角落有更多的"宇宙岛"。

---

① 称这些天体为"星云"可追溯到它们被认为与真正的星云——我们自身星系星际空间中稀薄的发光气体（对照照片11）——相似的时候。毫无疑问，这些外星系的"星云"实际上是数十亿颗恒星组成的。

茨威基博士在查阅银河系外星云的列表时心想，如果这众多的恒星集合真与我们的恒星系统相似的话，它们肯定也会有超新星现象。如果每个星云都平均每300年发生一次超新星爆炸，那我很有可能在暑假到来之前就能找到一颗超新星。

从列表中挑选了数百颗便于观测的星系外星云之后，茨威基博士开始了系统性的观测，他几乎每天晚上都会对这些恒星的选定区域进行拍摄。在接下来的几个月里，他观测到的星云都没有发生任何变化，直到1937年2月16日夜晚，一个星云出现了耀眼的光芒。不知茨威基博士在第一次看到超新星时是否立马就开心地唱起了家乡流行的约德尔小调（他这样做情有可原）。

没错，这是一颗超新星，是在名为N.G.C.4157的星云中的一次可怕爆炸，它离我们4×10^{19}千米。严格来说，在茨威基观测到这次爆炸之前很久，甚至在人类还没有出现在地球上之时，真正的爆炸就已经发生了。从星云N.G.C.4157到地球，光需要400万年；在漫长的时光中，爆炸的光穿越广袤的宇宙空间，进入茨威基的望远镜，并由他将照片放在文章中发布在《太平洋天文学》杂志上。

自首次成功以来，天文学家又在各种或近或远的银河系外星云中发现了约20颗相当成熟的超新星（见照片8B）。

太阳爆炸的可能性

当我们观察到一颗像其他数十亿颗恒星一样表面平静，却可能在几小时后突然发生可怕爆炸的恒星，我们脑海中自然会浮现这样的疑问：今天、明天或明年，太阳不会对我们要同样的把戏吧？

如果有一天，太阳选择成为新星，那么地球（以及其他所有行星）会立即变成稀薄的气体；这一切发生得如此之快，以至于没有人会知道到底发生了什么。如果有人能看到，那也只能是居住在遥远的其他行星系统里的一颗恒星上的天文学家，他会记录这颗新星的出现，并对其进行光谱研究。但是，在这种不幸降临到我们的星球之前（如果确实会发生），我们可能更有兴趣去研究它发生的概率，看看是否有可能提前预测灾难的日期。[①]

首先，我们必须承认，太阳在其整个生命周期中突变成普通新星的概率相当高。事实上，我们已经看到，在我们的恒星系统中每年至少有20颗恒星爆炸。由于我们的宇宙已经几十亿岁，在此期间，大约有400亿颗恒星已经爆炸了（除非这些爆

---

① 当然，除非在爆炸发生之前找到一种方法，将我们的地球从太阳系中分离出来，并远离太阳系，否则这样的预测是没有任何实际意义的。

炸直到现在才频发，当然也不太可能）。

另外，如我们将在下面章节中看到的，我们的恒星系统大约只有400亿颗恒星，因此，我们会认为每颗恒星在其进化史上都至少爆炸过一次。但在未来几年，太阳发生爆炸的概率仍然只有几十亿分之一，因此，相比于可能发生的危害人类的其他不愉快事件，太阳爆炸发生的可能性要小得多。

此外，也许每颗恒星在其生命中只能爆炸一次，也许我们的太阳在遥远的过去已经爆炸过了，在没有弄清楚导致这种灾难的物理过程的本质之前，我们很难回答这个问题。

俄罗斯有一句谚语："如果必须要死，那就轰轰烈烈地去死吧。"我们可能会想，太阳的爆炸也许会诞生一个超新星，而不是普通的新星。虽然这对我们个人没有任何影响，但从太阳外表来看成为超新星更好一些！然而，我们要求太阳发生超级爆炸似乎有点"强人所难"了。超新星现象非常罕见，只有某些特定的恒星才有机会展示如此灿烂的焰火表演。

正如我们稍后将看到的，只有比太阳大得多、重得多的恒星，才可能发生超级爆炸。因此，我们只能满足于宇宙中一个相对不显眼的新星来宣告我们的终结。

恒星的爆前新星期

要确定我们的太阳目前是否处于爆炸前的状态，最直接的方法就是将其特征与后来成为新星的恒星的特征进行比较。这种比较甚至可能揭示恒星将爆发时的某些特征，如果太阳没有这些特征，那它在相当长的一段时间内将保持稳定。

然而，不幸的是，目前我们对恒星爆炸前的新星期知之甚少。以一些相当明亮的新星为例，通过对新星爆炸前拍摄的其对应星空区域的旧照片进行研究，我们发现，在后来发现新星的位置，总会有一颗光度微弱的恒星。通过评估距离后我们得出结论：在某些情况下，超新星爆发前阶段的绝对光度与太阳的绝对光度相当，而在其他阶段，超新星绝对光度要么更高，要么更低。但是，由于没有人能预知这些特定的恒星会爆炸，所以我们对它们的光谱和其他性质也没有详细研究过。

直到1934年12月中旬，在北方天空中闪烁的武仙座新星在爆炸前偶然被拍摄到了光谱照片。光谱照片显示，在爆炸发生前，这颗恒星与主星序中的其他恒星并没有太大不同。事实上，它的绝对光度和光谱特性非常接近太阳。那么，这是否意味着太阳也注定要在不久的将来爆炸呢？其实不一定，因为按照天文时间尺度，"不久的将来"可能意味着数百万年的时间；此外，有数以百万计的恒星具有与上述恒星相同的特性却并没有爆炸。

显然，那些即将爆炸的恒星表面特征并没有发生什么变化；即使真有一些微小的变化，我们也没有办法观测到。1934年的例子告诉我们，能够爆炸的恒星不一定具有明显异常的外部特征，而一颗表面完全正常的恒星也可能发生巨大的爆炸。

应该注意的是，超级新星爆炸前的状态更难被观测到。事实上，除了历史上不多见的几次爆炸外，其他都属于非常遥远的恒星系统，由于离我们太远了，我们没有办法观测到其中任何单颗恒星的状态。在这些遥远的恒星系统里，我们只能清楚地看到光度最大时的超新星，因为它们爆炸所释放的辐射与形成这些系统的其他数十亿颗恒星的总辐射量相当，在某些情况下甚至超过后者。①

爆炸过程

正如前文所述，新星爆炸的主要外部特征是恒星的光度在短时间内急剧上升，然后再回落到原来的光度。我们给出了1918年发现的天鹰座新星和1937年发现的在银河系外星云中被

———————
① 事实上，超新星的光度是普通恒星的数十亿倍，而且一般银河系外星云包含数十亿颗恒星，因此超新星的出现可能会使其所在星云发出的总光度翻倍。

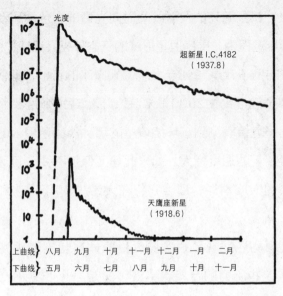

图 46 典型新星和典型超新星的光度变化曲线。光度是以太阳的光度为基数（=1）给出的。

称为I.C.4182的超新星的光度曲线（见图46，后者的变化见照片8B）。我们可以看到，除振幅外，这两条曲线显示出的特征非常相似，开始时辐射急剧上升，并在到达峰值后不规则地缓慢下降。

新星在爆炸过程中，表面温度和光谱也会发生重要变化。在爆前新星阶段，所有的恒星显然都有属于哈佛光谱系统的正常光谱，然而在爆炸过程中，其光谱性质会完全改变，这说明其表面温度急剧上升，没有几百万度也有几十万度。天文学家在对这些爆炸恒星的光谱进行研究时，还发现了另一个非常有趣的现象：新星明亮的发射线明显向光谱的紫色端移动，这表明，在爆炸过程中，围绕恒星形成的气态外壳会迅速扩张。

最好的例子就是1918年发现的天鹰座的新星，据估算，它的外壳扩张速度约为2000千米/秒，爆炸后6个月我们就可以通过望远镜直接观测到。环绕该星的那种淡绿色星云的直径正在以2角秒/年的速度增大。如果此速度保持不变，且环绕它的星云不会随时间消退，那么它将在大约1000年后达到月球的直径。

天文观测还发现了很多被大量气体层包围的明亮且炙热的恒星。这些所谓的行星状星云（又是一个非常不合适的名字！）是否真的代表了新星发展的后期，这个问题还没有得到解答（见照片9）。

在这里，我们不能不提金牛座的不规则气态星云①——因为其特殊形状而被称为"蟹状星云"。该星云目前正以0.18角秒/年的速度扩张，由此我们判定，该星云一定在八九百年前就开始扩张了。形成蟹状星云的大量气体是由天空中闪烁的新星还是超新星爆发产生的？中国11世纪的手稿显示，在公元1054年，几乎就在我们现在看到的这个奇怪星云的位置，确实发生过一次非常明显的恒星爆炸。因此，毫无疑问，蟹状星云是886

---

① 我们再次提醒读者，巨型"银河系外星云"由恒星组成，而在我们的恒星系统中发现的小得多的"气态星云"尽管与其名称相似，却是完全不同的。

照片 9 天琴座中的"行星"或"环状星云"。这可能是几个世纪前新星爆发的结果。（拍摄于威尔逊山）.

年前观测到的一次超新星爆炸的结果。

　　另一个有趣的例子是天鹅座中所谓的"丝状星云"（见照片10），它的形状像圆弧，与其他类似的星云一起形成一个相当规则的环——角直径约为2度（月亮直径的4倍）。形成这个环的星云以0.05角秒/年的速度从其中心向外移动，所以扩张一定是在大约10万年前就开始了。很可能这也是超新星爆炸的结果。但不幸的是，10万年前，即使在中国，也没有天文学家来记录这颗新星的出现。

G.P.柯伊伯在耶基斯天文台的观测表明，这种"烟雾环的扩大"并不只是恒星爆炸的结果。武仙座新星1934在被发现几年后，当再次被用望远镜观测到时，这颗恒星已经被炸成了两部分。这两部分现在正以0.25角秒/年的相对速度远离彼此，预计到公元9130年，它们之间的视觉距离将相当于月球的可见直

照片 10 天鹅座的丝状星云。这可能是大约 10 万年前一颗超新星喷出的气体外壳的残余物。中心的明亮恒星不是星云的一部分，只是碰巧出现在那里。(拍摄于威尔逊山)

径（0.5度）。我们给出了观测到的这两个部分的相对距离（见图47）。

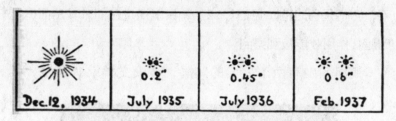

图 47 武仙座新星爆炸形成的两个部分之间的距离不断增加

恒星爆炸的原因是什么？

是什么物理过程导致看似正常的恒星发生了爆炸？我们必须承认，我们目前还不知道，只能推测哪些条件可能导致这些灾难性事件发生。

最古老、最可能也是最简单的假设是，我们观测到的爆炸是由外部原因造成的，例如，恒星在太空中运行时与某个障碍物发生了碰撞。然而，众所周知的是，由于宇宙空间中的恒星极其稀少，恒星之间发生碰撞的概率微乎其微。事实上，据计算，在过去的几十亿年里，我们的恒星系统也只发生了两三次碰撞而已。

但我们知道，星际空间包含了非常广泛的稀薄物质，显然它是在单个恒星形成后遗留下来的。这些被称为气体星云或尘埃星云的星云形状不规则且独特，它们经常被邻近恒星的光照亮，看起来像巨大的发光的星云（见照片11）。在其他情况下，它们是昏暗的（见照片12），只能通过它们对其后面恒星的遮蔽作用才能被观察到。

　　银河系中有两个著名的黑洞，被天文学家命名为"煤

照片11　猎户座明亮的气态星云。这个巨大的气体团位于我们的星系，它之所以发光可能是因为周围恒星的辐射。（拍摄于威尔逊山）

照片12 银河系靠近天鹰座的一部分，其中包含大量单个恒星。中心的暗斑不是一个"通道"，而是遮住了我们视野的气体暗黑星云。

袋"，它们是典型的暗黑星云。如果一颗在太空中高速运行的恒星进入这样一团稀薄的物质云，它就会像进入地球大气层的流星一样，发出耀眼的光芒。事实上，恒星运动的动能一旦转化为热量，该恒星就会像新星处于光度峰值时一样发出巨大的辐射。例如，如果太阳的运动（目前的速度是19千米/秒）因为这样一个气体星云的阻挡而减半，那么它释放的动能将足以使它的光度在几周内增加100万倍。

然而，这一简单的假设却难以解释为何我们观测到的所有新星爆炸都如此相似。因为不同的恒星遇到的气态星云在密度和尺寸上差异太大，所以很难解释它们如何能产生如此惊人的相似效应。值得注意的是，这种纯粹的动能假设虽然能够解释普通新星产生的能量，却绝对不适用于超新星，因为它们释放的能量要大得多。

如果用恒星生命中非常重要的核转换来解释恒星爆炸问题，我们就需要找到一些特殊的热核反应，当演化中的恒星中心温度达到某一临界值时就会突然爆发热核反应。从理论上来说，极少量的这种"爆炸元素"就能释放一颗普通新星甚至超新星所需的能量，但迄今为止人类尚未发现这种可能的热核反应。

因此，我们必须承认，我们不知道恒星为什么会发生爆炸，也不知道我们的太阳是否会在不久或遥远的未来变成武仙座新星那样的新星，我们希望不会。

超新星与"物质的核状态"

茨威基博士在证实了这些巨大的超新星可能会发生灾难之后，针对超新星这种特殊情况又提出了一种全新的可能的爆炸机制。为了理解茨威基的假说，我们必须回到我们对超密度恒星的讨论。我们看到，在消耗了所有可用于热核反应的氢之后，每一个大质量的恒星都必然收缩成一个小半径高密度的天体。

在第八章中的图45中，我们还给出了恒星坍缩半径由其质量决定的图形说明，解释了其半径随着质量的增加而减小的情形。看到这张图时，细心的读者可能已经注意到，表示半径和质量关系的曲线没有向大质量的方向无限延伸，当质量是1.4个太阳的时候，恒星半径变为零。这意味着，所有质量大于太阳质量1.4倍的恒星收缩的最小半径都为零，换句话说，所有质量足够大的恒星都必然会无限收缩。因为这些大质量的恒星外部重量非常大，内部费米电子气体的压力无法让它保持平衡，也不可能让它在有限半径的情况下保持稳定的平衡。①

当一颗非常重的恒星收缩成一个数学意义上的几何点时会发生什么？这个问题最早由年轻的俄罗斯物理学家L.D.兰道（L.D.Landau）回答。他指出，一旦组成恒星物质的独立电子和原子核之间的距离与它们的直径相等，收缩就必然停止。当收缩到这个阶段之时，原子核和电子直接接触后会黏合在一

———

① 当然，读者肯定记得，这只适于因无氢而依靠收缩过程释放能量的恒星。对于所有氢含量足够的年轻恒星，热核反应产生的能量足以维持其中心温度，气体压力也足以维持其稳定。

起——就像分开后又聚集在一起的汞滴一样——并在恒星内部形成一个连续的"核物质"（见图48）。

这种假设物质的高物质"刚性"最终必然会阻止这颗恒星继续收缩，在恒星内部达到平衡的状态下会产生一个巨大的原子核，它与普通原子核类似，只是直径有几百千米。这个恒星核由原来的中性原子碎裂后分裂出的原子核和电子构成，总体呈中性，其密度将是水密度的几万亿倍。[①]

如此高密度的物质组成的一个小尘粒都有几吨重！但是，必须明确的是，这种"核状态"物质只存在于因承受巨大压力而剧烈收缩的恒星内部。一旦脱离这个区域，它们会立即膨胀，分裂成独立的原子核和电子，并形成不同的稳定化学元素的原子。

现在，让我们回到茨威基博士关于在超新星中观测到的灾难性事件提出的假设。大意是，我们在这里看到的重恒星的急剧坍缩是由它们内部物质的"核状态"导致的。

这个过程可能是从恒星内部裸露的原子核，通过吸收被外部压力挤压得离它们太近的自由电子而被中和开始的。然后，这些中性粒子黏在一起，形成一块坚固的核物质。在这样一个

----

① 在水中，原子核的平均间距为 10^{-8} 厘米，而在核物质中，原子核的间距减小为核直径，即 10^{-12} 厘米。线性压缩了10000倍后，其密度会增加 10^{12} 倍，即 1 万亿倍。

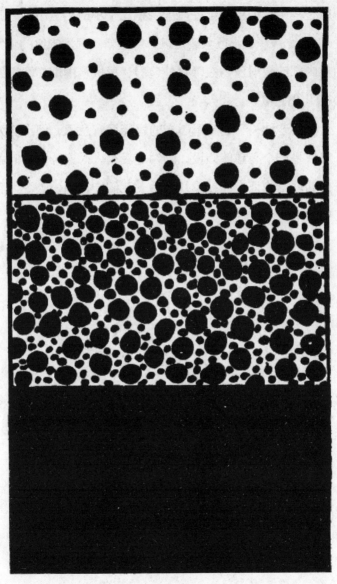

图 48 在超高压下形成的"核状态"物质（对比图 43）

坍缩过程中，恒星的半径可能会在几个小时内减小到其原来半径的1%，并释放出巨大的足以解释超新星强烈辐射的重力能。恒星内部的辐射压力去除其外包层，形成包围爆炸恒星的膨胀外壳（见图49）。

　　尽管这种关于超新星爆炸的解释很有意思，但迄今为止它仍然只是一个有趣的假设，因为还没有人对这种坍缩问题进行严格的理论论证。但希望几年后，我们能找到一个令人满意的解决恒星演化最后一个难题的方法。

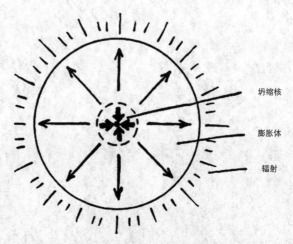

图 49 超新星中心区域的坍塌

第十章　恒星和行星的形成

气滴状恒星

我们曾多次提到，在恒星演化的早期，所有的恒星都是极其稀薄且温度相对较低的气体球，由于重力收缩，它们变得炽热而明亮。很久以前，在宇宙的鸿蒙期，稀薄的恒星占据了整个宇宙，形成了一种几乎连续的气体。后来，在一些不稳定的内部因素作用下，这种连续的气体分裂成若干独立的云团，或者说"气滴"，之后这些气滴收缩成了我们如今所熟知的恒星（见图50）。

这种宇宙气体分裂的物理条件是什么？例如，为什么普通大气中不会发生同样的情况呢？如果房间里的空气聚集成许多"气滴"，并且彼此之间留下真空间隙，这确实也非常奇怪。

这两种情况产生差异并不是因为形成恒星的气体具有某些

图 50 连续气体中形成的独立恒星

物理或化学特质①，而完全在于与一间普通房间甚至与地球大气层的厚度相比，星际空间实在是太广阔了。如果在一个房间里或者在地球周围的自由大气中，一部分气体偶尔集中在某个区域，那么这一点上增加的气压会立即使这些气体分散开，并使其恢复原貌。因此，"空气滴"小胚芽永远没有机会发展壮大到拥有更大密度的状态。②

---

① 当然，原始气体比空气热得多，因为它由各种包含不同元素的蒸气组成；但这并不会对其作为气体的特性产生本质上的影响。

② 然而，我们在此应该指出一点，即使是这样的小胚芽对我们的大气层也非常重要。大气密度的波动造成了大气的不均匀性，导致穿过大气的太阳光发生散射，这才使我们头顶的天空如此明亮瓦蓝。如果大气分布绝对均匀，天空将永远是一片黑色，即使在白天我们也能看到星星，当然也不会有美丽的日落。

但是，如果这样的小胚芽足够大，那么其各部分就可以通过彼此之间的引力聚合在一起，并在引力作用下开始进一步收缩。英国物理学家和天文学家詹姆斯·琼斯爵士（Sir James Jeans）的计算表明，如果气体分布在足够大的空间，这种小胚芽必然会形成。就大气而言，"使自己结合在一起"的小胚芽的直径必须达到几百万千米，这就是为什么在房间里或地球外围薄薄的大气层中都无法形成"气体滴"的原因。但是很久以前，在无穷无尽的空间中分布的稀薄气体一定有条件发生这种聚集。

当形成独立恒星的所有物质均匀地分布在整个太空中时，其平均密度非常低，仅相当于水密度的10^{-22}倍。在密度如此低温度却高达几百摄氏度时，气体就会分解成不同的球体，每个球体的直径约为两三光年，质量约为10^{30}千克。当受到引力作用进一步收缩时，这些气滴将变成现在我们在天空中看到的普通恒星。

需要说明的是，这种依赖大质量气体引力的不稳定性形成恒星的过程，在某种情况下也可能形成比我们已知的恒星大得多的天体。然而，这种"超级恒星"的中心温度和内部核能的生成会使其极不稳定，并最终分裂成若干个小天体。

恒星的形成过程还在继续吗？

根据最可靠的评估，恒星宇宙形成几十亿年了，这也告诉了我们连续分布的原始气体开始分裂的大概时间。但是，现在恒星形成的过程是已经完成，还是仍有一些新恒星正在形成（不是新星，而是真正的新恒星）？

对我们银河系不同类型的恒星的研究结果明确显示，有一些恒星比另外的恒星更年轻。例如，我们在第七章中提到，所谓的红巨星代表了演化初期的恒星。尽管我们断定它们一定是在地质时期形成的，但这些恒星的年龄不太可能超过几百万岁。处于演化早期阶段的最引人注目的例子就是我们讨论过的红外线恒星御夫座 ε 的I星，该星很可能仍处于最初收缩阶段。

另外，主星序中那些十分明亮的蓝巨星也是相对年轻的恒星。事实上，由于它们光度极高，总寿命相对较短，就我们目前的认知，它们就是我们恒星系统中的新成员。例如，构成大犬座29或仙后座AO的物质每克所产生的能量是太阳的2万倍，且它们的原始氢含量不超过500万年就会消耗殆尽。当巨型爬行动物开始在地球表面爬行时，这些恒星可能还没有出现在天空中。

当然，在星际空间中并不缺少弥漫的气态物质（气态星云），所以我们断定：造星的过程仍在继续，尽管其规模可能比恒星主体形成时期要小得多。

白矮星的起源

当我们将不同类型恒星的年龄与整个恒星宇宙的预估年龄进行比较时，也会遇到与红巨星、蓝巨星相反的情况，即这些恒星看起来比它们的实际年龄要老得多。在第八章中我们看到，所谓的白矮星是已经耗尽了核能的恒星，从这个意义上说，当我们的太阳耗尽所有氢之后也会演化成它们的模样。但我们也看到，跟太阳差不多大小的恒星需要数十亿年才能成为这个样子，而我们的太阳自诞生之日到现在只消耗了其原始35%氢含量的1%而已。

那么，像天狼星伴星这样的恒星，是怎么耗尽氢后慢慢地衰亡的呢？很难想象它们是一开始就没有足够的氢，因为宇宙中的化学元素似乎混合分布得很均匀；另一方面，它们不可能比恒星宇宙年龄更老。简而言之，恒星宇宙似乎还太年轻，不该有白矮星这样垂暮之年的恒星，所以天狼星伴星出现在恒星家族中，就像一个白胡子老头出现在产房的婴儿床上那样令人惊讶。

在作者看来，在恒星宇宙发展的现阶段，我们观测到的白矮星存在的唯一合理解释是这样一个假设：这些恒星从来没有年轻过，它们只是一些更重且快速演化的恒星坍塌时形成的碎片。在恒星宇宙形成时产生的巨大且明亮的恒星一定早就耗尽了它们的氢，并开始最终的收缩过程了。我们在前一章中看到，这些比太阳重得多的恒星在收缩时极有可能突然坍塌（参见茨威基对超新星的解释），并分裂成几个碎片。这些在久远的过去由恒星爆炸形成的碎片，可能就是我们现在在恒星系统中观测到的白矮星。

行星又如何呢？

当人们开始用科学方法思考世界的起源时，他们最感兴趣的是地球和太阳系其他行星的形成问题。奇怪的是，即使我们已经对不同类型恒星的起源有了如此多的了解，并认真讨论了整个宇宙起源的问题，地球的起源问题还是没有完全解决。

一个多世纪前，伟大的德国哲学家伊曼纽尔·康德（Immanuel Kant）提出了第一个科学界认同的关于我们行星系统起源的假说，而著名的法国数学家皮埃尔·西蒙·德·拉普拉斯（Pierre Simon de Laplace）进一步完善了这个假说。根据这个假说，几个行星是在太阳开始收缩时，由于离心力从太阳本体上分离出来的气体环形成的（见图51）。基于我们现

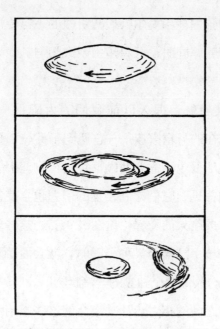

图51 康德－拉普拉斯关于行星形成的（不正确的）假说

有的认知，这个简单而有趣的假设肯定不成立，它遭到了严厉地批评。

首先，数学分析表明，太阳在收缩和旋转时，任何可能在其周围形成的气态环都不会凝结成一颗行星，而是会产生大量类似于土星环的小天体。

其次，康德-拉普拉斯假说更为严重的问题是，太阳系总自转角动量的98%与主要行星的运动有关，只有2%与太阳的自转有关。如此高比例的自传角动量不可能都集中在弹射出的气环上，却在原来的旋转体上几乎不留一点角动量。因此，似乎有必要假设（如张伯林和莫尔顿最初所做的）自传角动量是来自行星系统外部的，同时，行星是由于太阳与其他大小类似的恒星体发生碰撞形成的。

我们可以想象，很久以前我们的太阳是一个独立的天体——没有现在的行星家族——它遇到了另一个漫步太空的类似天体。行星的诞生不需要两颗恒星进行物理接触，因为即使两颗恒星距离很远，它们之间相互的引力也会使它们在朝向对方的方向上形成巨大的隆起（见图52）。当这些隆起（实际上是巨大的潮汐波）延伸至某种极限时，就会沿着两个恒星体中心之间的直线分裂成几个独立的"滴状物"。

两颗母星之间的相对运动一定会使这些原始气态行星快速自转。当两颗母星分开时，它们各自都拥有了一个快速旋转的行星系统。同时，恒星表面的潮汐波也迫使它们缓慢地向行星的方向旋转，这就解释了为什么太阳的自转轴与行星轨道的轴如此接近。

一想到在星际空间的某个地方，有一颗生成我们行星系统的恒星在运转，还携带着地球的一些同父异母的兄弟姐妹，就觉得很有趣。但是，由于几十亿年前我们的行星系统就诞生了，所以太阳的配偶现在一定离我们很远了，几乎可以是我们在天空中观察到的任意一颗恒星。

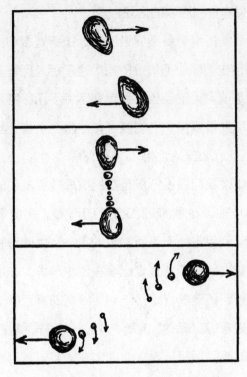

图 52 关于行星形成的"肇事逃逸"假说

　　然而，如果我们探究两颗恒星如此近距离邂逅的概率，那么这种关于行星系统形成的肇事逃逸理论也有诸多疑点。根据恒星之间遥远的距离和它们相对较小的半径，我们很容易计算出在它们形成以来的几十亿年中，它们相遇的概率只有几十亿分之一。因此，我们只能认为：行星系统是非常罕见的现象，我们的太阳何其幸运拥有这样一个行星系统。这也可能意味着，在形成我们恒星系统的数十亿颗恒星中，太阳和它的配偶可能是唯一拥有行星家族的恒星！

当然，目前还没有足够先进的望远镜能直接观测到其他行星系统是否存在，即使是最近的恒星也不行。但是，如果太阳的行星系统是很罕见的现象，那就非常棘手了，特别是考虑到我们观测到的大量双星（有时甚至是三星）系统，它们的起源并不像小型卫星系统的起源那么容易理解。

然而，如果我们假设行星是在恒星形成后不久的宇宙发展早期阶段形成的，这些难题都会迎刃而解。在接下来的两章中，我们将看到宇宙处于不断扩张的状态，由此可知，在遥远的过去，恒星之间的距离肯定比现在要小得多。在那个时代，恒星之间的近距离碰撞肯定是一件很平常的事，每个恒星都有同样的概率来获得自己的行星系统。许多这样的星际相遇使本来擦肩而过的两颗恒星被永久的绑定在一起（在第三个星体的帮助下），形成现在我们观察到的双星系统。

第十一章　宇宙岛

银河系

在晴朗的夜晚，我们很容易看到一条微弱的发光带从地平线的一端延伸到另一边。在古代天文学家的生动想象中，这条星带是从某种仙牛身上流出的牛奶（似乎没有这样一个星座），因此它得名银河系，英语本意就是奶河（Milky Way）。著名天文学家威廉·赫歇尔爵士（Sir William Herschel）早期用望远镜观测的结果进一步验证了这一比喻：正如普通牛奶是一些微小的脂肪颗粒悬浮在相对透明的液体中一样，银河系也是由大量光度微弱的恒星组成，肉眼同样无法辨别它们（见照片12）。

构成银河系的恒星都散落在一条有点规则的环状带内，这让赫歇尔产生了一个奇妙的遐想：这个恒星集合体是一个扁平的圆盘，就像一只薄薄的手表，太阳就位于其中某个地方。赫歇尔对银河系有着清晰的认识：在垂直于圆盘主平面的方向上，恒星相对较少，而在主平面上聚集的恒星却数量惊人（见图53）。我们在主平面上看到的恒星大多数都离我们非常远，它们相对暗淡，但数目众多，肉眼望去，就像一条连续分布的发光带。这张恒星宇宙的图片是赫歇尔在一个多世纪前提出的，为后来大规模的宇宙研究奠定了坚实的基础。

图 53 银河系恒星系统示意图，太阳的位置偏离中心

天空中的星体数量

尽管我们常说"多得像天上的星星"，但实际上我们肉眼所能看到的星星并不多。我们能看到的星星总数，南北半球的星星加在一起，也只有6000多颗。考虑到地平线附近的能见度很低，我们在任何时候都能看到的星星不会超过2000颗。

然而，当我们加上那些只能通过高倍望远镜才能看到的恒星时，就是另外一番景象了。如果从目前的天文数据来说，上面提到的俗语就变得更加合理了。荷兰天文学家卡普廷（Kapteyn）（他对银河系做了最细致的研究）估计，我们银河系中的恒星总数，包括最遥远和最微弱的恒星在内，大约有

400亿颗，这是多大的数量啊！

当然，不是所有银河系中的恒星都像天狼星或五车二那样有自己的名字。这并不是说人们找不到足够的名字供这400亿个成员的家庭使用，因为用26个字母中的8个字母组成的单词就足够了。只不过给银河系的每个成员起名要花很长时间，即便每一秒取一个新名字，我们也需要1700年左右才能完成这份名单。

我们这个恒星系的维度

我们距离天狼星约83.7万亿千米，以光速走需要8年时间。天狼星还算离我们较近的恒星，从银河系中最遥远的恒星到我们这里，光通常也需要几千年的时间。事实上，天文学家使用光年来表示这些恒星之间的距离，最主要是为了避免处理如此大数据的麻烦。

经过仔细测量，卡普廷得出结论：我们银河系中的400亿颗恒星分布在一个镜片状的太空里，其直径约10万光年，厚度约1万光年。当然，这个镜片状星带的界限并不是很清晰，因为从中心区域向外，恒星的分布变得越来越稀疏。因此，在距离上述边界几倍远的地方，仍能发现少数恒星。

我们的太阳连同它的行星系统，位于离星系镜片边缘不远的地方，离赤道平面相当近，距离镜片中心大约3万光年。银河系中心——位于银河系穿过射手座的位置——应该聚集了更多的恒星，因此光的强度要大得多。不幸的是，一些由恒星生成后遗留下来的大量冷气体组成的星际黑云①，横亘在银河系中心和太阳之间，使我们无法观测到这个最有趣的区域。

银河系恒星的运动

在古代天文学中，构成天体中不同星座的恒星被称为"固定恒星"，而对应的"流浪者"或"行星"则较快地在固定恒星之间移动。我们现在知道，这些所谓的"固定恒星"也在太空中移动，其速度甚至比行星还要快。然而，由于我们离这些恒星太远，它们的绝对速度又非常快，导致我们观测到的只是它们位置相对微小的角度变化。但是，相隔数年拍摄的星空照片确实让我们注意到了这些微小的位置变化，并能预测我们的天空在遥远的未来会是怎样的。

例如，我们熟悉的大熊星座（通常被称为北斗七星）注定要发生的变化（见图54）。从天文学角度来看，短短几十万年就足以使天空的基本面貌完全发生改变。由此我们知道，数万年前，当长着欧洲面孔的尼安德特穴居人猎杀熊和猛犸象时，

---

① 即所谓的气态星云之一，对比照片。

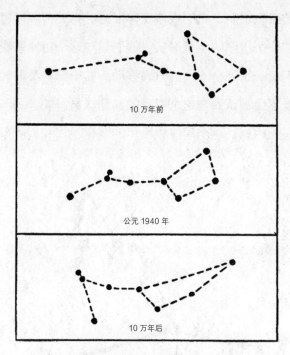

图 54　20 万年间大熊星座（北斗七星）的变化

他们头顶上的恒星图案与我们目前所看到的完全不同。令人遗憾的是，当史前人类在洞穴的墙壁上涂画狩猎的图片时，他们从来没有想到要画一幅星空的图像。如果有那样的星空图，无疑会为现代天文学家省去许多麻烦。

　　顺便说一句，尽管不同恒星在天空中的运动总体来看是不规则的，且彼此独立，但在许多情况下，构成一个星座的那些恒星似乎总是恰巧共同移动。以大熊座为例（见图54），七颗星中的五颗星明显朝着同一方向移动，而且对它们的相对距离估算的结果也表明，它们应该离得很近。另外两颗恒星虽然一起形成了整个星座的斗状形状，但显然与这个星座系统无关。它们正朝着一个完全不同的方向移动。在史前人类时代，它们甚至可能不会被认为与这个星座的其他成员有关。另一个有趣的例子是天蝎座，这个星座中恒星的变化也如我们所预期的那样（见图55）。

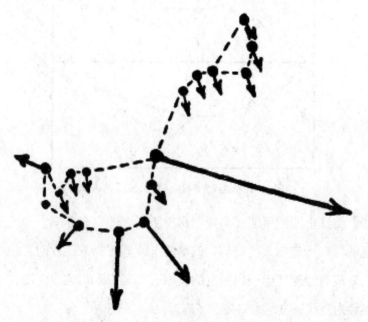

图 55 10 万年后天蝎座中的恒星发生的变化（箭头方向）

恒星的速度

知道恒星由于运动而产生的角位移和它们与我们的绝对距离，我们可以很容易计算出它们与我们视线垂直方向上的线速度。这些线速度平均约为20千米/秒，但在某些情况下，它们的速度可以高达100千米/秒。太阳正以19千米/秒的速度向武仙座中的某个点移动。

虽然从人类的角度看，恒星的速度很快，但就分散在太空中的恒星之间的超级远的距离来说，这个速度还是相当慢。如果我们的太阳直接向它的最近邻居——距离我们仅4.3光年的半人马座α星移动，它们需要大约7万年的时间才能相撞。但我们不必担心如此令人不快的事故发生，因为恒星在太空中分布的密度很低，发生这样一次碰撞的可能性微乎其微。事实上，据推算，在整个恒星宇宙几十亿年的生命中，只发生过少数几次这样的碰撞。

银河系自转

天文观测发现，不仅银河系中的单个恒星会随机不规则运动，整个银河系也正围绕着其中心轴缓慢自转。根据最新评估，银河系的旋转速度大约为7角秒/世纪，由此我们可以得出这样的结论：在整个地质时期，我们的银河系已经完成了五到六次完整的自转。

这看起来不太多，但请不要忘记，银河系的尺寸巨大，这个角速度实际上相当于银河系外每秒几百千米的线速度。很可能是这种自转导致了银河系呈扁平形状，就像地球的自转使它呈椭球状一样。

银河系的年龄

如果我们还记得我们的太阳只是银河系众多星系之一，我们就能得出一个结论：银河系的年龄不可能小于太阳的年龄，银河系的年龄至少有几十亿岁了。

通过对恒星运动的研究，我们可以为银河系的可能年龄设定一个上限。研究显示，在相互引力的作用下，在有限空间内运动的所有恒星迟早会获得一个确切的速度分布，类似于麦克斯韦的气体分子分布（参照第二章）。对银河系内恒星的统计计算表明，在现有情况下，银河系要形成类似麦克斯韦的速度分布大约需要100亿年。根据天文资料估算，由于这种分布远未形成，所以我们认为，恒星宇宙的实际年龄在16亿至100亿年之间。

其他星系

长期以来的天文学观测显示，有大量细长的星云物体均匀分布在整个恒星天空中。但是，一直到近代人们才确定，这些所谓的椭圆状星云或旋涡状星云并不属于银河系，其实它们离我们极其遥远，是类似于我们银河系的类恒星系统。

根据大家普遍认可的赫歇尔观点，我们观测到的这些遥远恒星系统的形状从外部看与我们的银河系完全一致。我们通过威尔逊山天文台的高倍望远镜拍摄了几张几个类似的恒星系统的照片（见照片13~16）。这些照片清楚地显示了银河系外星云的特殊形状，同时也证实了其中心细长的星体周围有不规则的旋臂。但是，并不是所有的银河系外星云都有这种旋臂，有些星云形状规则，呈扁平的椭圆球体。

根据天文学家E.哈勃（E.Hubble）的观测结果，我们绘制了这些星云的各种形状的示意图（见图56）。我们知道的关于这些遥远宇宙岛的大部分信息都来源于E.哈勃。当我们使用倍数不太高的望远镜观测时，它们看上去似乎是连续的发光气体（因此被称为"星云"）；但威尔逊山天文台的100英寸望远镜显示，其外部旋臂至少由数十亿颗独立恒星组成，这些恒星与银河系的恒星非常相似。但是，即使是通过超大倍数的望远

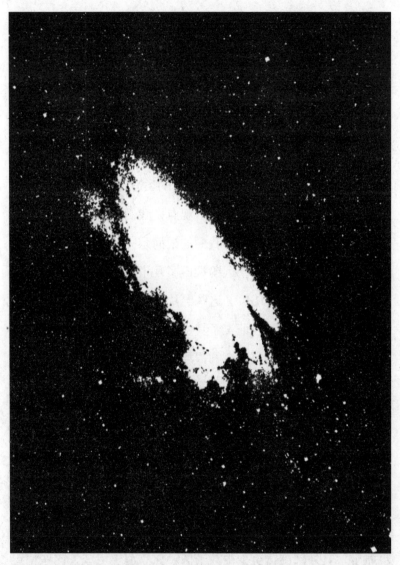

　　照片 13 离我们最近的宇宙岛的中心部分，即仙女座的旋涡星云，距离我们仅 68 万光年。前景中的恒星属于银河系。（拍摄于威尔逊山）

照片 14 后发座旋涡状星云，这是一个遥远宇宙岛的侧面，注意环绕这个星云的暗物质环。（拍摄于威尔逊山）

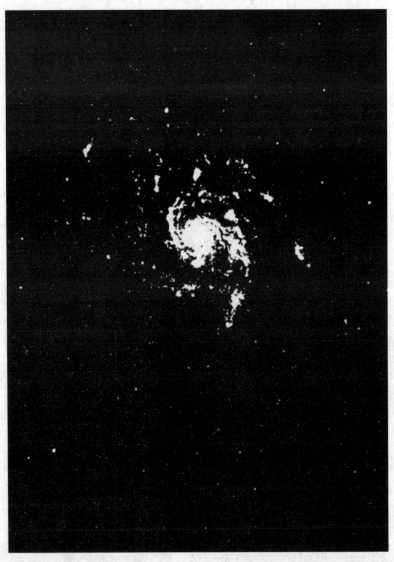

照片 15 大熊座旋涡状星云，另一个遥远宇宙岛的俯瞰图，注意旋臂上的星团。（拍摄于威尔逊山）

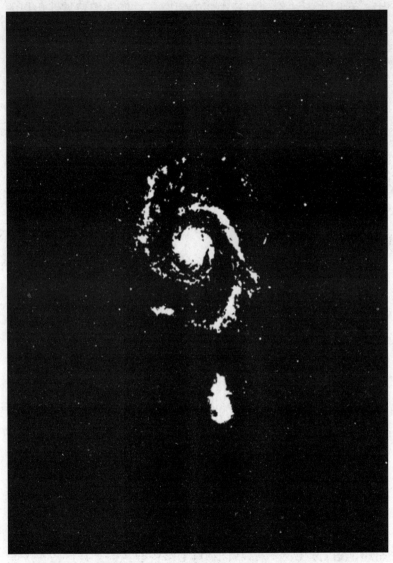

照片 16 猎犬座旋涡状星云，在下旋臂末端有一颗卫星。（拍摄于威尔逊山）

镜，我们也无法看到星云中心的恒星。它们的恒星特性也只能通过间接证据来证明，这一点我们将在下面的章节中讨论。

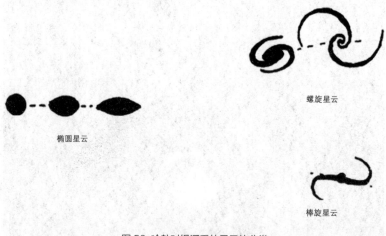

螺旋星云

椭圆星云

棒旋星云

图 56 哈勃对银河系外星云的分类

星系外星云的距离和大小

我们与其他宇宙岛间的距离非常远，以至于测量距离的普通天文方法（如视差估计）完全没用。这也是为什么直到近代，这些天体还被错误地定位在银河系中某个地方的原因。

以仙女座星云为例（见照片13），只有先确定旋涡状的仙女座是由众多独立的恒星组成的，其中包括几个造父变星，才有可能进行首次测量。我们在第七章中已经得知，这些特殊恒星有一个特征：有规律的脉动。它们的脉动周期与它们的光度直接相关。通过观察仙女座星云的旋臂中造父变星的周期，我们可以计算出它们的绝对光度；通过比较它们的绝对光度与它们的观测亮度，我们可以用简单的平方反比定律来估算它们的距离。

计算显示，在仙女座星云中发现的所有造父变星都得出了大致相同的结果，它们与我们的距离有68万光年。仙女座星云的几何尺寸与银河系的几何尺寸大致相同或比其略小，总光度估计约为太阳的17亿倍。

仙女座星云是我们银河系的近邻之一，但它与银河系遥远的距离无疑让我们对浩瀚的宇宙空间有了一些认识。银河系的其他邻居还包括另一个旋涡状星云、两个椭圆状星云，以及两个形状不规则的星云，我们可以看看它们与银河系的距离和相对位置（见图57）。

经观测，在仙女座星云这个遥远的恒星世界附近有两颗"卫星"——其实是数亿颗恒星的聚集群，它们就像一群蜜蜂[①]一样围绕着仙女座星云旋转。如果我们的银河系没有自己的卫星，那显然是不公平的，事实上它有两颗卫星。由于距离我们相对较近（分别为8.5万光年和9.5万光年），所以肉眼很容易看到它们。葡萄牙探险家费迪南德·麦哲伦（Ferdinand Magellan）率先发现并记述了它们。因此，在我们的恒星地图

————————
① 关于旋涡状星云卫星的例子参见照片16。

图 57 银河系及其太空中最近的邻居

上，有两个麦哲伦星云，就像我们的陆地地图上有麦哲伦海峡一样。

除了这些近邻外，天文学家们通过望远镜还发现了许多更遥远的同类恒星岛。这些"恒星异世界"在形状和大小上与银河系略有不同，它们散布在宇宙的广阔空间中，只有用最高倍望远镜才能看到它们。威尔逊山天文台最大的哈勃望远镜能观察到5亿光年以外的太空区域，借此镜我们发现那里的旋涡状星云与仙女座星系和银河系非常相似。在这个距离内可以看到的宇宙岛有上亿个，可能更多，但由于距离太远即便是100英寸的望远镜也无法观测到。

银河系外的"星云"不是星云

我们会向读者证明，所谓的银河系外"星云"并不是大质量的连续气体，而是和银河系一样由大量恒星组成的。事实上，这很容易证明，观测结果表明，这些"星云"发出的光谱特征与太阳光的光谱特征非常相似。我们在第六章中得知，这种光线辐射相对应的表面温度可以达到几千摄氏度，与太阳的表面温度没有多大差别。

如果这些"星云"真的是大质量的连续气体，其表面温度与我们的太阳相同，那么它释放的总光量将与其表面积成正比，即与其线性尺寸的平方成正比。由于这些"星云"的平均直径大约是太阳直径的10亿倍，所以它们的总光度将是太阳的100亿亿倍。但是，我们实际观测到的仙女座星云的光度只有太阳的17亿倍。

因此，我们断定，这样的光度不是整个仙女座星云表面发出的，而是大量的小发光点发出的（见图53），这些小发光点的总表面积几乎不到星云总表面积的十亿分之一。如果"星云"是由独立的普通恒星组成的，那就可以解释得通了。

银河系外星云的自转和旋臂的起源

前面提到，银河系恒星运动的相关统计研究表明，我们的恒星系统正围绕其中心轴缓慢自转，其他恒星系统中也被发现了类似的自转。银河系外星云两端的多普勒效应（见照片14）总是显示，其一端正在接近我们，而另一端却在后退。例如，仙女座星云用数亿年就能旋转一圈，其旋转的角速度与我们的银河系差不多。

很容易看出，这些恒星集合能呈椭圆状正是因为其自传，而且旋臂很有可能也是由此造成的。詹姆斯·琼斯爵士（James Jeans）提出的理论就假设旋臂是由星云赤道平面快速旋转抛出的物质形成的（见照片15）。虽然琼斯的观点似乎合理解释了这些有趣天体形式的起源，但若试图更详细地描述这一过程仍有些困难。特别是，如图56所示，存在两种螺旋臂，可为什么会存在两种类型？这仍然是天文学理论尚未解决的问题。

第十二章　宇宙的诞生

逃离的星云

在研究了宇宙广袤空间中的无数星系后，星云研究的奠基人E.哈勃博士（Dr.E.Hubble）得出了一个非常有趣但也令人费解的结论。通过测量这些遥远恒星系统的径向速度^①，他发现，这些星系几乎都显示出这样一种趋势：正在远离我们，而不是靠近我们。

但离我们很近的银河系外星云却不是这样，因为它们的速度分布相当随意。正在靠近我们的银河系外星云和正在远离我们的几乎一样多，例如仙女座星云正以30千米/秒的速度向我们靠近。但即使在这种情况下，靠近我们的银河系外星云的速度也总是比远离我们的速度慢一些，这说明，恒星岛与我们银河

---

① 这些遥远天体的径向速度，即沿着视线移动的速度，可以通过我们观测到的它们光谱线的多普勒频移估算出来。由于银河系外星云距离我们太远，我们无法测量其垂直于视线的运动。

系的距离普遍呈现增加的趋势。

此外，随着遥远的恒星岛离我们越来越远，它们的速度也越来越快，完全抵消了单个系统，不规则性带来的任何相反影响（见图58）。无一例外，所有遥远的恒星岛都在远离地球，而且它们离得越远速度就越快。哈勃的测量表明，它们的后退速度与距离成正比，邻近地球的星云速度为每秒几百千米，而最遥远但仍然可见的星云的速度约为光速的1/3。

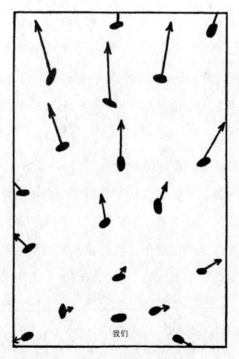

图58 逃逸的银河系外星云，注意逃离的方向和速度（箭头长度表示）。

膨胀的宇宙

但是，如果说我们可怜的小地球和它那一小撮充满好奇心的天文学家，就把这些巨大的恒星世界吓得向四面八方逃离，这是不是太过分了？这个观点不正代表已被长期废弃的托勒密世界体系和其地心说吗？

事实并非如此，因为银河系外星云并不是特意要远离我们的星系，而是它们彼此都在远离对方。如果我们在一个橡胶气球的表面画上一些等距离的点，然后把它吹大（见图59），那么任何一个点到其他点的距离都会有规律地增加，这样一来，

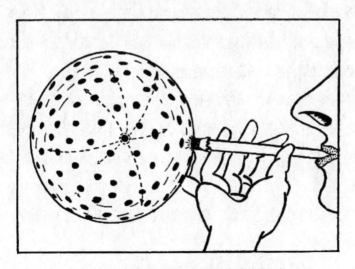

图 59 当橡胶气球膨胀时，这些圆点都会彼此远离

在其中一个点上的昆虫就会感觉到其他所有点都在"远离"它。此外，从昆虫所处点来看，膨胀气球上不同点的后退速度将与它们离昆虫的距离成正比。

这幅图很清楚地表明，哈勃观测到的现象是银河系外星云所占空间普遍均匀扩大所致。必须指出，在这一扩张过程中，恒星岛之间的距离增加，但它们各自的几何尺寸并不会发生变化。20亿年后，所有恒星岛的大小都会同现在一样，但它们之间的距离将是现在的两倍。另一方面，根据上述估计，在20亿年前，各恒星岛之间的距离一定很近，星云就是一个众多恒星的集合体，众恒星均匀分布在整个宇宙中（见图60）。

然后，我们可以看到，单独的星系形成的过程有些类似于单个恒星的形成过程，但其不同之处在于，恒星是由普通气体分子组成的，而星系则是由"恒星气体""凝聚"形成的，"恒星气体"的粒子是独立的恒星。

在各个星系被宇宙的不断扩张拉开之前，这些巨大的恒星群之间一定存在着强大的相互引力。这与个体恒星形成行星系统的方式非常相似（见第十章），这种相互力作用为新生的恒星岛提供了一定的角动量，并且可能从它们的身体中拉出了那些长的"恒星气体"带，即我们现在观测到的它们的螺旋臂。

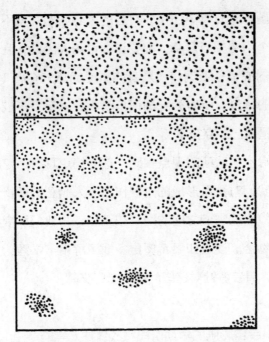

图 60 通过空间的扩张，均匀分布的独立恒星形成宇宙岛

哪个更古老，恒星还是星系？

我们刚刚提出，星系是由连续分布的众多恒星演化而来的，这当然是以恒星比星系更古老为前提的。但这是正确的吗？为什么不能像詹姆士·琼斯爵士那样设想这一过程是相反的呢？根据他的假设，最初布满宇宙的气体分裂成巨大的气态星云，而恒星形成的过程始于这些星云彼此完全分离之时。

对于这一替代假设，我们能说些什么呢？恒星和星云的相对年龄问题与先有母鸡还是先有蛋的著名问题并无不同，不幸的是，这个问题相当复杂，需要详细讨论。因此，我们必须满足于这样的说法：根据作者及其同事爱德华·特勒（Edward Teller）的调查，所有的观测证据表明，当星系形成过程刚开始时，恒星就已经存在了。

与詹姆士·琼斯的观点相比，这一结论具有一定的优势，不仅能让我们对星系形成的过程作出令人满意的解释，而且据此我们计算出的它们之间的距离和直径，与我们所观察到的结果也高度吻合。读者如果希望更多地了解宇宙学理论中的这一重要争论，请参考针对这些问题的专门文献。

宇宙膨胀的早期阶段和放射性元素的产生

如果我们回头梳理一下，试着逆向思考宇宙膨胀的过程，我们就会得出如下结论：很久以前，在星系甚至是单独的恒星形成之前，充满宇宙的原始气体的密度一定非常大、温度一定非常高。只有随着宇宙的逐渐膨胀，原始气体的密度和温度下降到非常低，才能使原始气体降解和分离，进而形成独立的恒星体。从理论上讲，宇宙在膨胀的最早演化阶段，它的密度和温度比我们所能想象的要高得多……

"够了！"读者现在肯定已经惊呼了。毕竟，这本书应该是以某些物理事实为基础的，但是这些关于宇宙是由密度极高的超热气体形成的说法听起来更像形而上学的推测！

事实上，有一个很好的物理事实，虽然不能证明这些看似形而上学的关于我们宇宙发展第一阶段的推测的真实性，但却有力地支持了这些推测。这一事实就是普通放射性元素的存在，比如铀和钍。这些元素是不稳定的，因此必须在一定的时间间隔内形成。这些特定放射性元素的生命周期（铀45亿年，钍160亿年）及它们目前的相对存量，有力地说明它们的起源仅可追溯到几十亿年前。这与原始高密度气体形成宇宙的可能时间大致吻合，正如目前膨胀速度的观测证据所显示的那样。

此外，年轻的德国物理学家卡尔·范·魏茨萨克（Carl von Weizsacker）的研究也明确证明，铀、钍等重元素只有在密度和温度极高的物理条件下（密度是水的几十亿倍，温度为数十亿摄氏度）才能生成。即使在最热恒星的中心区域也找不到这样极端的条件，所以我们只能认为它们生成于宇宙早期的超大密度和超炙热的阶段。

这些不同的事实共同给我们提供了一个清晰的画面：放射性元素一定是在宇宙的"史前"阶段生成的。因此，驱动我们"手表上的发光指针"转动的能量，是由我们所知的恒星和宇宙形成之前被压缩到原子核中的能量提供的。

空间的无限性

当宇宙的密度超过水的密度数十亿倍时宇宙会有多大？它是不是会很小，小到可能会被捏在拳头里？如果当时有拳头的话，这个问题的答案取决于我们的宇宙是有限的还是无限的。如果宇宙是有限的，我们假设它的直径是最远可见星云距离的10倍，那么当放射性元素形成时，它的直径应该只有海王星轨道的10倍！但是，如果宇宙是无限的，那么无论它被多么强烈地挤压，它都会是无限的。

空间的有限性和无限性问题，以及与此密切相关的空间曲率问题，都属于广义相对论的范畴，严格地说，不属于本书的讨论范围。①因此，我们必须满足于这样一种结果，即根据最近的研究，我们的空间似乎是无限的，并仍在无限制地膨胀。那就更好了！

---

① 关于弯曲空间和宇宙膨胀问题的讨论，可参考作者的著作《物理世界奇遇记》。

结语

在读完这本书开始下一个更有趣的神秘故事之前，读者可能想重新思考一下本书的主要结论，并按照更严格的时间顺序，用几句话来概括在现代科学视角下呈现的宇宙演化图。

故事开始于均匀充满高温和高密度气体的太空，在这种气体中，各种元素的核转化过程就像在沸水中煮熟鸡蛋一样容易。在这个宇宙的"史前"厨房里，不同化学元素的存在比例——铁和氧大量存在，金银较稀缺——都被确立了下来。寿命很长的放射性元素也是在这个时期形成的，这种元素至今还没有完全衰变。

在这种炽热的压缩气体的巨大压力作用下，宇宙开始膨胀，其中物质的密度和温度慢慢下降。在宇宙膨胀的某一阶段，连续的气体分裂成不同大小的不规则云团，之后很快演化成形状规则的球形个体恒星。那时恒星仍然很大，比现在大得多，而且也不太热。但是，引力收缩的渐进过程缩小了它们的直径，提高了它们的温度。这些原始恒星家族成员之间频繁地相互碰撞产生了众多行星系统，在其中一次碰撞中，我们的地球诞生了。

恒星变得越来越热，而它们的行星因为体积太小而无法产生热核反应所需的炙热的中心温度，所以用固体外壳将自己覆盖起来。"恒星气体"均匀地充满了所有太空并继续膨胀，渐渐的，恒星之间的距离开始接近它们现在的值。

在宇宙膨胀的另一个阶段，由于各个星系仍在继续收缩，"恒星气体"分裂成巨大的恒星云。这些恒星岛彼此之间距离很近，它们的相互引力在许多情况下促成了奇怪的旋臂的形成，并为它们提供了一定的旋转动量。

构成这些后退的恒星岛的大多数恒星，其内部区域已经足够炙热，于是氢和其他轻元素之间的各种热核反应便开始了。首先是氘，然后是锂、铍，最后是硼，它们都变成了"灰烬"（核"灰烬"是众所周知的气体氦）；"红巨星"经过这些不同的演化阶段后，就会开始它们演化的最主要也是最漫长的阶段。当没有其他轻元素时，恒星开始通过再生元素碳和氮的催化作用，将它们的氢转化为氦。太阳现在正处于这个阶段。

但是，所有恒星的氢供应迟早都会耗尽。大质量恒星首先到达演化的临界点，然后开始收缩，释放出它们的引力能。在许多情况下，这样的收缩会导致恒星体不稳定，然后在剧烈的爆炸中碎成几个小碎片。在"裂变过程"开始20亿年后，我们发现了许多这种无氢的恒星碎片，它们具有极高的密度和极低的光度，被称为"白矮星"。

但是，太阳消耗它的氢供应时非常节省，它现在仍然处于壮年时期，预计还会活很久。然而，它正变得越来越热，并有可能在几十亿年后烧毁地球表面的一切，达到其亮度峰值后开始收缩。

当挥霍无度的古老恒星死亡时，许多新恒星正在形成，这些新恒星是由老恒星最初形成时遗留下来的气态物质形成的。但是随着时间的推移，构成无数恒星岛的大多数恒星都会老去。

宇宙诞生120亿年后，在无限的太空中，将只剩仍然在后退的恒星岛，其中都是已经衰亡或正在衰亡的恒星。

时间表

解决恒星的构成、能量产生、演化等问题的最重要步骤：

1. 收缩假说（赫姆霍尔兹），1854年。

2. 发现放射性（贝克勒尔），1896年。

3. 将恒星分为三个基本类别（罗素），1913年。

4. 恒星内部理论（爱丁顿），1917年。

5. 元素的人为转换（卢瑟福），1919年。

6. 白矮星——坍塌的恒星（福勒），1926年。

7. 核转化的量子理论（伽莫夫、格尼及康登），1928年。

8. 热核反应是恒星能量的来源（阿特金森与豪特曼斯），1929年。

9. 恒星中的循环核反应（魏茨、泽克），1937年。

10. 具有热核产生的恒星演化，1938年。

11. 太阳中的碳-氮循环（贝特、魏茨泽克），1938年。

12. 红巨星中轻元素的反应（伽莫夫与特勒），1939年。

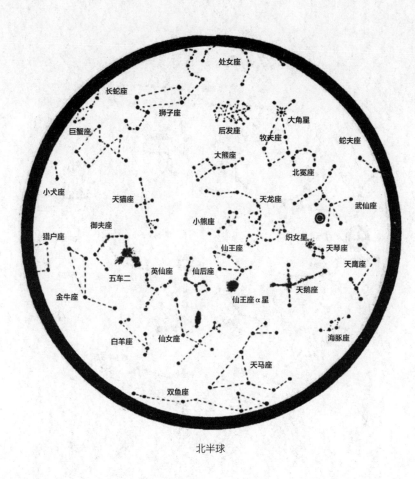

处女座
长蛇座
狮子座
后发座
巨蟹座
大角星
小犬座
牧夫座
大熊座
北冕座
天猫座
蛇夫座
天龙座
武仙座
御夫座
小熊座
织女星
猎户座
仙王座
天琴座
五车二
英仙座
仙后座
天鹰座
金牛座
仙王座α星
天鹅座
白羊座
仙女座
海豚座
天马座
双鱼座

北半球

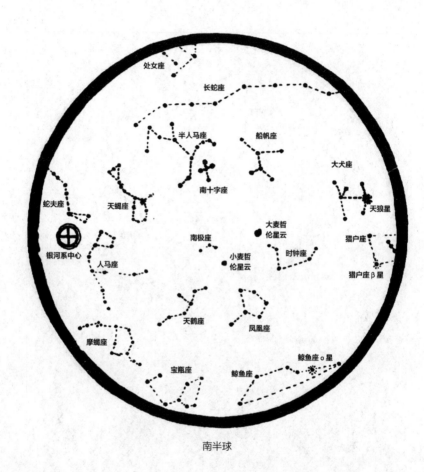

处女座
长蛇座
半人马座
船帆座
大犬座
蛇夫座
天蝎座
南十字座
天狼星
银河系中心
南极座
大麦哲伦星云
猎户座
人马座
小麦哲伦星云
时钟座
猎户座 β 星
天鹤座
凤凰座
摩羯座
鲸鱼座 ο 星
宝瓶座
鲸鱼座

南半球

232